POYANGHU
YULEI YINGXIANG TUJIAN

鄱阳湖
鱼类影像图鉴

张燕萍 刘 杨 付辉云 主编

中国农业出版社
北 京

内容简介
NEIRONG JIANJIE

　　本书对鄱阳湖自然地理、气候特征、水文特征和水环境等进行了简要概述，展示了历年来鄱阳湖水域调查到的101种鱼类标本实物照片，并借助3D Micro-CT扫描成像系统技术对鱼类骨骼进行扫描，从而制作成骨骼三维动态视频。同时，对每种鱼的拉丁名和地方名，以及主要形态特征、生态习性、保护现状和经济意义等用文字进行了介绍，便于读者参考。

　　本书是一本重要的工具书，集科普、科研与教学于一体，可供从事淡水渔业资源调查、鱼类多样性保护和渔业管理等领域的科研人员、高等院校师生和管理工作者及鱼类爱好者参考阅读。

编者名单

BIANZHE MINGDAN

主　　编：张燕萍　刘　杨　付辉云

参编人员：陈文静　傅培峰　贺　刚

　　　　　康　斌　李　涵　王昌来

　　　　　吴子君　章海鑫　张桂芳

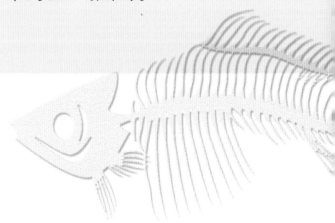

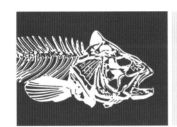

前　言

　　鄱阳湖是中国第一大淡水湖泊，也是长江流域最大的通江湖泊，位于江西省北部、长江中下游南岸。湖泊湿地物种多样性、物种资源丰富，具有多重生态系统功能。湖区水位和流量主要受到上游五河（赣江、修河、信江、抚河和饶河）和长江的综合影响，呈现出显著的季节性差异，形成"高水似湖，低水似河"的自然地理特征。湖区大小不同的水道、洲滩和子湖泊等地貌，适合不同生态类型的鱼类生长、繁殖和发育，包括湖泊定居性、江湖半洄游性、海淡水洄游性和山溪性鱼类。尽管鄱阳湖的历史鱼类资源丰富，但长期的人类活动破坏了湖泊生境和鱼类群落结构，导致鱼类小型化、低龄化和低质化。对鄱阳湖鱼类的系统研究，不仅为长江流域鱼类多样性保护提供基础资料，而且也利于渔业管理者对鄱阳湖鱼类资源的利用制定科学且合理的依据。

　　对鄱阳湖鱼类最早的研究可追溯到 20 世纪 30 年代，《江西鱼类志》（傅桐生，1938）仅在江西省若干地点进行调查，记录了江西鱼类 58 种。此后，《鄱阳湖鱼类初步调查报告》（龙迪宗，1958）发现鄱阳湖鱼类共 57 种；中国科学院江西分院（1959）报道了鄱阳湖鱼类 80 种；《鄱阳湖鱼类调查报告》（郭治之等，1964）记录了鄱阳湖鱼类 106 种；《鄱阳湖水产资源调查报告》（江西省农业局水产资源调查队等，1974）报道了鄱阳湖鱼类 118 种。近年来，胡茂林等（2005）调查了鄱阳湖南矶山自然保护鱼类资源，共发现 58 种；张堂林等（2007）报道了 1997—2000 年鄱阳湖鱼类 101 种；方春林等（2016）记录了 2012—2013 年鄱阳湖鱼类 89 种。这些工作为研究鄱阳湖鱼类资源、群落结构和多样性保护作出了重要贡献。然而，目前有关鄱阳湖鱼类原色图像、骨骼图像和基本信息仍未被详细报道，本书填补了相关研究的部分空白。

本书共收录整理了 101 种鄱阳湖鱼类，分属 9 目 21 科。书中介绍了鄱阳湖每种鱼类的主要形态特征、生态学习性、保护现状和经济意义等，并通过 3D 显微 CT（Micro-CT）扫描成像系统技术，展示了每种鱼的骨骼图像。本书采用了第四版 *Fishes of the World*（2006）的分类系统；对物种的分类地位顺序和中文名称参考《拉汉世界鱼类系统名典》（2017）进行编排；拉丁学名参考 FishBase（www.fishbase.org）数据库，并校正了物种的同种异名和无效名；形态特征和生态学习性的描述主要参考《中国动物志 —— 硬骨鱼纲》；鱼类保护现状参考《中国生物多样性红色名录 —— 脊椎动物卷》（2015）。随着分类学科的发展，过去的鱼类分类系统得到进一步完善，为本书介绍的鱼类分类地位提供了重要理论依据。本书记载的鱼类采自多年来的鄱阳湖野外调查，标本保存于江西省水产科学研究所标本室，囊括历史记录的大部分鄱阳湖鱼类，具有一定的代表性。本书是一本重要的工具书，可作为水产从业者、相关院校师生、科研机构的参考用书和大众科普读物。

江西省水产科学研究所成立于 1960 年 5 月，隶属于江西省农业农村厅，现有"江西省水产科学研究所""江西省鄱阳湖渔业研究中心""江西省渔业资源生态环境监测中心"三块牌子。自 2002 年开始至今，一直在调查鄱阳湖渔业资源，具有丰富的野外调查经验。

感谢南昌大学谢宪兵副教授对样本的扫描，感谢安徽师范大学严云志教授对样本收集的帮助，感谢中国水生生物研究所张鹗教授对样本进行的鉴定，感谢江西省水产科学研究所高级实验员赵春来参与了书稿的校对工作。

本书由农业财政专项"长江渔业资源与环境调查""鄱阳湖渔业资源与环境调查"、成品油价格调整对渔业补助项目"鄱阳湖渔业资源监测"等资助完成。

因编者的水平有限，本书难免存在不足之处，恳请专家和读者予以批评指正。

编 者

2022 年 11 月

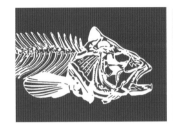

CONTENTS 目　录

鄱阳湖自然环境概况

一、地理位置

鄱阳湖 (28°24′—29°46′ N, 115°49′—116°46′ E) 位于江西省北部, 跨越湖口、星子、永修、新建、余干、鄱阳、都昌等县城, 是中国最大的淡水湖泊。湖面以松门山为界限, 南部较宽且浅, 为主湖区; 北部较窄且深, 形成通江水道与长江相连。湖泊南承赣江、修河、信江、抚河和饶河五大水系及若干小型河流的区间来水, 北经湖口流入长江, 属于过水性、吞吐型和季节性淡水湖泊。鄱阳湖南北长达 173 km; 东西平均宽度 16.9 km, 最宽处 74 km, 最窄处 2.8 km; 湖泊岸线总长 1 200 km。湖区有大小不同的水道、洲滩、岛屿和内湖等。由沙滩、泥滩和草滩形成的洲滩, 面积近 3 130 km²。湖区中有大小岛屿 41 个, 总面积约 100 km², 还有 40 个主要的子湖泊, 包括常年性湖泊和季节性湖泊。鄱阳湖与大小不同的水系共同形成鄱阳湖流域, 流域面积 1.62×10⁵ km², 占长江流域的 9%, 占江西省总面积的 97.2%。除江西外, 其余水系在安徽、湖南、福建和浙江四省均有不同程度的分布。图 1-1 为江西省标准地图和鄱阳湖流域示意图。

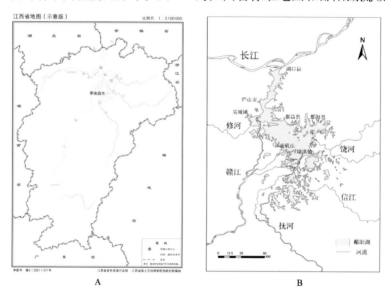

图 1-1　江西省标准地图 (A) 与鄱阳湖流域示意图 (B)

二、地形地貌

鄱阳湖流域东有怀玉山、南有九连山、西有九岭山、北有庐山等山脉环绕, 四周坡度向鄱阳湖逐渐降低, 形成鄱阳湖盆地。流域地貌类型以山地丘陵为主, 其次是平原岗地和水域。《江西省自然地理志》根据地貌的形态、形成原因和区域开发等, 将鄱阳湖流域划分为 6 类地貌: 赣西北中、低山区和丘陵区; 鄱阳湖湖积冲积平原区; 赣东北中、低山区和丘陵区; 赣抚中游河谷阶地和丘陵区; 赣西中、低山区; 赣中南中、低山区和丘陵区。

三、气候特征

(1) 气温

鄱阳湖属亚热带季风性气候区，气候温和，光照充足，无霜期较长。1961—2018年流域年平均气温为 18.14 ℃，其间在 1998 年出现最高值 (19.69 ℃)，在 1984 年出现最低值 (17.12 ℃)，气温以每 10 年增加 0.22 ℃ 的速率缓慢上升。鄱阳湖流域夏季和冬季气温差异较大。夏季受到副热带高气压的影响，平均气温较高，最高气温甚至超过 40 ℃；冬季受到冷空气作用，平均气温较低，最低气温 −10 ℃ 左右。

(2) 降雨量

1961—2018 年，鄱阳湖流域年均降雨量为 1 659.56 mm，最高值和最低值分别出现在 2015 年 (2 189.99 mm) 和 1963 年 (1 095.92 mm)。降雨量具有显著的年际差异，且分布不均匀。全年流域降雨主要发生在春季和夏季 (3—8 月)，占年降雨量的 70%以上。过高或过低的降雨量会增加鄱阳湖发生洪水和干旱等极端气候事件的风险。例如 1998 年发生的特大洪涝，2003 年发生的高温干旱对江西省造成了直接经济损失。

(3) 蒸发量

依据 1959—2008 年的数据，鄱阳湖流域水体的年均蒸发量为 1 260.00 mm，分别在 1963 年和 1997 年达到最大值 (1 548.00 mm) 和最小值 (963.50 mm)。年蒸发量整体上呈下降趋势，尤其在 20 世纪 90 年代中期前开始逐渐减少，但在全球气候变暖的大背景下，蒸发速率明显加快。该流域在夏季的蒸发量最高，其次是秋季，冬季最低。

四、水文特征

(1) 水位

鄱阳湖水位的高低受到上游五河和长江来水的双重影响。湖泊水位在每年的 4—6 月随着五河水系的汇入而上升，后因长江洪水顶托或倒灌持续高水位。最高水位一般出现在 7—9 月，属丰水期。10 月后长江开始退水，湖区水位逐渐下降，导致鄱阳湖枯水期来临，一般发生在当年 12 月至翌年 1 月。湖泊多年平均水位 12.86 m。当湖口水文站水位为 22.59 m 和 5.90 m 时，湖泊面积分别为 4 500.00 km² 和 146.00 km²，形成"洪水一片，枯水一线"的自然景观。

(2) 径流量

根据已有报道，五河水系对 1956—2018 年的入湖年均径流量的贡献相对大小，依次为赣江、信江、抚河、饶河和修河，分别占总量的 56.73% (6.80×10^{10} m³)、14.82%

$(1.78 \times 10^{10} \text{ m}^3)$、10.39% $(1.25 \times 10^{10} \text{ m}^3)$、9.59% $(1.15 \times 1010 \text{m3})$ 和 8.46% $(1.01 \times 10^{10} \text{ m}^3)$；而湖泊出湖入长江的年均径流量（1950—2012 年）为 $1.50 \times 10^{11} \text{ m}^3$。径流量一般受到水系地形、气候差异、降雨量等因素的综合作用，存在显著的时空差异。

（3）泥沙

鄱阳湖在 1956—2020 年的年均入湖泥沙量为 $1.4 \times 10^7 \text{ t}$，分别在 1973 年和 2007 年达到最大值 $(3.3 \times 10^7 \text{ t})$ 和最小值 $(3.4 \times 10^6 \text{ t})$；年均出湖泥沙量 $9.7 \times 10^6 \text{ t}$，分别在 1969 年和 1963 年达到最大值 $(2.2 \times 10^7 \text{ t})$ 和最小值（$3.7 \times 10^6 \text{ t}$，长江净倒灌量）。年均入湖和出湖泥沙量的相对大小有着明显的时间差异。1956—1984 年间，由于长期的森林砍伐、围湖造田等，上游水土流失严重，导致年均入湖泥沙量 $2.0 \times 10^7 \text{ t}$；年均出湖泥沙量 $1.0 \times 10^7 \text{ t}$。1985—2000 年期间，水库的修建和合理的管控，极大地减少了入湖泥沙量，年均入湖泥沙量为 $1.4 \times 10^7 \text{ t}$；年均出湖泥沙量 $7.2 \times 10^6 \text{ t}$。2001—2020 年间，由于鄱阳湖大量的采沙活动，导致年均出湖泥沙量激增，为 $1.1 \times 10^7 \text{ t}$，而入湖泥沙量为 $7.6 \times 10^6 \text{ t}$。

五、水环境特征

鄱阳湖水资源丰富，具有多重生态系统功能。然而，受各种人类活动影响，鄱阳湖的水质情况不容乐观。1996—2003 年，鄱阳湖入湖、出湖和湖区水质整体较好，其中入湖水质呈现了轻微的波动，从缓慢变好到波动性下降；出湖水质一直保持着较为稳定的波动；湖泊水质受到两者的综合影响，水环境质量呈现先显著下降后较为稳定的趋势。2004—2011 年，鄱阳湖入湖、出湖和湖区水质持续变差，其中 2006 年前的出湖水质相对稳定，之后呈现明显的下降趋势；2012—2016 年，鄱阳湖入湖、出湖和湖区水质整体较差，其中入湖和湖泊水质较为稳定，但出湖水质逐渐下降。

2017—2020 年，鄱阳湖湖区水环境质量整体上有所改善，但仍然存在富营养化现象。《江西省环境状况公报》指出，这 4 年的主要污染物均为磷，调查样点的水质以 Ⅳ 类为主。其中 2017 年鄱阳湖水质属中度富营养化，存在少量的 Ⅴ 类水（5.9%）；2018 年属轻度富营养化状态，存在较少的 Ⅲ 类（5.9%）和 Ⅴ 类（17.6%）水质；2019 年属中度富营养化，Ⅲ 类和 Ⅴ 类均占 5.9%；2020 年属中度富营养化水平，Ⅲ 类水占 41.2%。

鄱阳湖鱼类分类性状术语

- **全长**：鱼从吻端到尾鳍末端的直线长度。
- **口位**：一般以鱼类上颌和下颌的相对长度以及口孔的朝向来衡量。上下颌等长且口孔朝向正前方时为端位；上颌短于下颌，且口孔垂直朝向上方时为上位，反之表示为下位。介于端位和上位之间为亚上位，介于端位和下位之间为亚下位。
- **口须**：位于口部边缘须的统称。着生在吻部的称吻须；着生在上下颌的分别称上颌须和下颌须；着生在鼻孔上的为鼻须；着生在颏部的为颏须。
- **鳍式**：表示各鳍鳍条的组成和具体数目的一种方式。硬骨鱼类的鳍包括鳍棘和鳍条；鳍条又分为不分枝鳍条和分枝鳍条。本书以大写罗马数字表示鳍棘，以小写罗马数字表示不分枝鳍条，以阿拉伯数字表示分枝鳍条。鳍棘与鳍条数目之间用逗号分隔。如鳜背鳍Ⅻ，13～15，表示鳜背鳍有12根鳍棘，13～15根分枝鳍条。鲤背鳍ⅳ，16～21，表示其背鳍有4根不分枝鳍条，16～21根分枝鳍条。
- **脂鳍**：位于背鳍后面，由皮肤和脂肪构成的鳍状突起，无鳍条支持。
- **侧线**：鱼类、两栖类幼体及水栖两栖类成体的皮肤感觉器官，呈管状或沟状，埋于头骨及体侧皮肤之下，侧线管以侧线孔穿过皮肤，连接成与外界相通的侧线，感觉器位于侧线管内。能感知水流、水压等。
- **侧线鳞**：鱼类身体两侧带有侧线孔的鳞片。若一种鱼类从鳃孔上角附近开始到尾鳍基部排列着一行连续的侧线鳞，则称侧线完全；反之，表示为侧线不完全。
- **侧线上鳞**：位于背鳍基部起点到侧线鳞之间的斜行鳞片。
- **侧线下鳞**：位于腹鳍基部起点到侧线鳞之间的斜行鳞片。
- **鳞式**：用以表示鱼类鳞片排列和数目的方式。如本书中青鱼的侧线鳞39～44；侧线上鳞6～7，侧线下鳞4～5。
- **棱鳞**：鱼体腹部正中线上一行较坚硬呈锯齿状的鳞片。如鲥和刀鲚等具棱鳞。
- **圆鳞**：鳞片的后部边缘光滑。
- **栉鳞**：鳞片的后部边缘呈小刺或锯齿。
- **腋鳞**：胸鳍或腹鳍的基部前缘外角上有比本身其他鳞更大的，且形似尖刀的特殊鳞。
- **腹棱**：某些鱼类肛门前的腹中线上隆起形成的锐尖的棱。其中由胸部向后延伸至肛门前缘的棱称腹棱完全，而腹鳍基部及之后部位开始延伸至肛门前缘的棱称腹棱不完全。
- **珠星**：某些鱼类在繁殖季节，雄性个体的某些部位（如上下颌边缘）出现的坚硬锥状突起物，为表皮衍生物，在繁殖时刺激雌性。在鲤科鱼类中较为多见。
- **洄游**：某些鱼类在生活史的不同阶段，对生活环境具有不同的要求，为了满足这些要求，这些鱼类在一定时期内所进行的集群性、周期性、主动性、定向性、具有种群的特点的长距离迁移运动。
- **溯河洄游**：鱼类逆江河而上的洄游（海中肥育，江河产卵）。
- **降河洄游**：鱼类顺江河而下的洄游（江河肥育，海中产卵）。

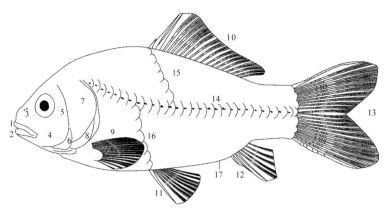

图 2-1　鲫外形图

1. 上颌　2. 下颌　3. 鼻孔　4. 颊部　5. 前鳃盖骨　6. 间鳃盖骨　7. 上鳃盖骨　8. 下鳃盖骨　9. 胸鳍
10. 背鳍　11. 腹鳍　12. 臀鳍　13. 尾鳍　14. 侧线鳞　15. 侧线上鳞　16. 侧线下鳞　17. 肛门

Part three 第三篇

鄱阳湖鱼类

1. 日本鳗鲡

Anguilla japonica Temminck & Schlegel，1846

骨骼三维模型

鳗鲡科 Anguillidae

地方名：青鳝、白鳝、鳗鱼、河鳗、鳗

野外调查：标本 2 尾，全长 46.7 ～ 51.3 cm，体重 192.0 ～ 466.0 g。采自江西省湖口县和永修县吴城镇。

主要形态特征：体细长，前部圆柱状，肛门以后渐转侧扁。头长呈尖锥形。口较大，端位。齿细小，排列成带状。体表被细长小鳞，且有黏液。侧线孔明显，从胸鳍前上方的头部后缘，平直向后延伸至尾端。背鳍很低且长，胸鳍短圆，无腹鳍，臀鳍低而长，尾鳍末端较尖。体背部暗褐色，腹部白色，无斑点。

生态习性：肉食性鱼类，栖息于水域的中下层，有降河洄游习性。

保护现状：濒危 (EN)。

经济意义：肉质细嫩，营养丰富，为重要的名贵食用鱼种之一，经济价值高。

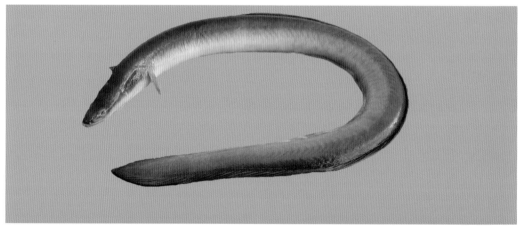

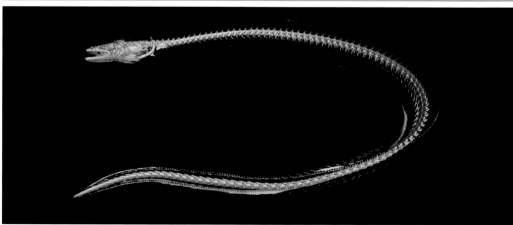

2. 刀鲚

Coilia nasus Temminck & Schlegel，1846

骨骼三维模型

鳀科 Engraulidae

地方名：毛花鱼、刀鱼、毛叶鱼

野外调查：标本 228 尾，全长 24.0～41.0 cm，体重 30.2～236.6 g。采自江西省庐山市、湖口县、都昌县、永修县、鄱阳县以及余干县瑞洪镇。

主要形态特征：背鳍 i，13；臀鳍 91～110；胸鳍 6+11；腹鳍 7。无侧线。体延长、甚侧扁，向后渐细尖。头短小而侧扁。口下位。上颌骨后部游离，向后延伸至或超过胸鳍基部。胸鳍上部有丝状游离鳍条 6 根；腹鳍短小；尾鳍不发达，上下叶不对称，上叶尖长，下叶短小。体背部偏青色，体侧银白色。

生态习性：肉食性鱼类。每年 2—3 月成熟的个体，集结成群，汇集于长江河口区，分批上溯进入江河及通江湖泊。进入长江的亲鱼多生活于水域中下层，产卵后分批降河入海。有溯河洄游习性。

保护现状：无危 (LC)。

经济意义：肉质细嫩鲜美，富含脂肪，营养丰富，是长江三鲜之一。刀鲚为长江下游的一种主要经济鱼类。

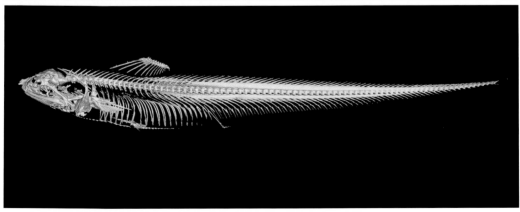

鲱形目 Clupeiformes

3. 短颌鲚

Coilia brachygnathus Kreyenberg & Pappenheim，1908

鳀科 Engraulidae

地方名：毛花鱼、毛鲚鱼、刀鱼、凤尾鱼

野外调查：标本 210 尾，全长 9.9 ~ 37.4 cm，体重 2.1 ~ 233 g。采自江西省庐山市、湖口县、都昌县、永修县、鄱阳县、余干县瑞洪镇以及南矶山自然保护区。

主要形态特征：背鳍 iii，10 ~ 13；臀鳍 ii，91 ~ 104。形态与刀鲚相似，主要区别在于上颌骨较短，向后不超越鳃盖骨后缘；胸鳍上部丝状游离鳍条较短，一般仅达臀鳍基底的起点。全体银白色，体背部浅青灰色。

生态习性：杂食性鱼类，纯淡水生活，栖息于江河中下游和湖泊中。

保护现状：未予评估 (NE)。

经济意义：肉味鲜美，骨细可食。长江中下游附属湖泊中一种主要的经济鱼类。

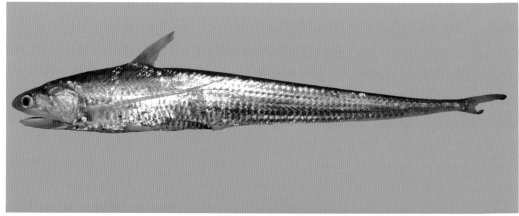

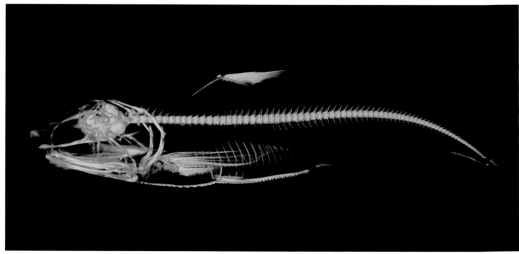

4. 鲥

Tenualosa reevesii (Richardson，1846)

骨骼三维模型

鲱科 Clupeidae

地方名：李氏鲥鱼、锡箔鱼、三来、三黎、中华鲥鱼

野外调查：标本 4 尾，全长 6.1 ~ 7.2 cm，体重 2.2 ~ 3.1 g。来自江西省水产科学研究所标本室。

主要形态特征：背鳍 iv，15 ~ 16；臀鳍 ii，17 ~ 18；胸鳍 i，13 ~ 14；腹鳍 i，6 ~ 8。无侧线。体椭圆形，腹部侧扁，具有锐利的棱鳞。头中等大，头部光滑。口端位。背鳍和臀鳍的基部有很低的鳞鞘。胸鳍和腹鳍有短的腋鳞。体背部灰黑色，略带蓝绿色光泽，体侧和腹部银白色；腹鳍、臀鳍灰白色；背鳍和胸鳍暗蓝色。

生态习性：暖水性中上层鱼类，有洄游习性。春末夏初 (4—6 月) 溯河作生殖洄游，亲鱼陆续由海入江，大部分群体经由鄱阳湖再进入赣江。其不同生活史阶段的食性不同，幼体在降海前以淡水浮游生物为食，降海后幼体以海洋桡足类和硅藻为食；成鱼以海洋桡足类和硅藻为主。

保护现状：极危 (CR)。

经济意义：长江三鲜之一，肉质肥嫩，味道鲜美，营养丰富，经济价值高。

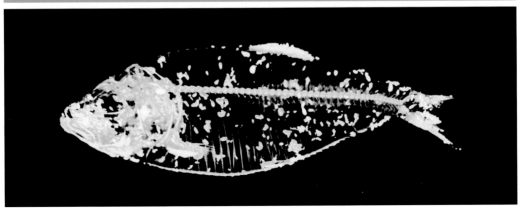

5. 棒花鱼

骨骼三维模型

Abbottina rivularis (Basilewsky，1855)

鲤科 Cyprinidae

地方名：爬虎鱼、沙锤、花里棒子、麻嫩子

野外调查：标本 4 尾，全长 5.3 ～ 6.2 cm，体重 1.4 ～ 2.4 g。采自江西省永修县吴城镇、余干县瑞洪镇和南矶山自然保护区。

主要形态特征：背鳍 iii，7；臀鳍 iii，5；胸鳍 i，10 ～ 12；腹鳍 i，7。侧线鳞 35 ～ 39。体稍长，前部近圆筒状，后部略侧扁，背部稍隆起，腹部圆，无腹棱。吻较长，圆钝。口下位，呈马蹄形。口角须 1 对。体被圆鳞，胸部前方裸露无鳞。侧线完全，平直。背鳍和臀鳍无硬刺。背部深黄褐色，至体侧逐渐转淡。在体侧中部有 7 ～ 8 个黑色大斑。各鳍为浅黄色。背、尾鳍上有多数黑点组成的条纹。生殖期间雄鱼胸鳍不分枝鳍条变硬，头部出现珠星。

生态习性：常见的小型底层鱼类，主要摄食底栖动物和藻类等。栖息于河流、湖泊等缓流水域中。雄鱼有筑巢和护卵的习性。

保护现状：无危 (LC)。

经济意义：可食用鱼类，亦可作饲料鱼，具一定的经济价值。

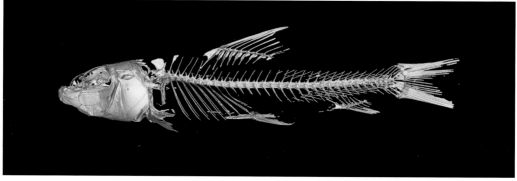

6. 短须鱊

Acheilognathus barbatulus Günther，1873

骨骼三维模型

鲤科 Cyprinidae

地方名：鳑鲏、枫叶、苦鳊

野外调查：标本 3 尾，全长 9.4 ~ 9.6 cm，体重 12.9 ~ 13.3 g。来自江西省水产科学研究所标本室。

主要形态特征：背鳍 iii，10 ~ 13；臀鳍 iii，8 ~ 11；胸鳍 i，12 ~ 16；腹鳍 i，6 ~ 7。侧线鳞 33 ~ 37。体侧扁，背缘薄而稍突起。头小，吻短。口亚下位，口角有对短须 1 对。体被圆鳞。侧线完全。背鳍和臀鳍具硬刺。近鳃盖处有一黑斑。尾柄中线有一黑色纵带向前延伸不超过背鳍基部。雄鱼臀鳍外缘有一黑色纵纹。生殖期雄鱼吻端有白色珠星，背、臀鳍条延长；雌鱼具产卵管。

生态习性：小型鱼类，以藻类和有机碎屑为食，栖息于浅水区水草丛等缓流或静水水域中。产卵于蚌类的外套腔内。

保护现状：无危 (LC)。

经济意义：个体小，产量少，经济价值低。

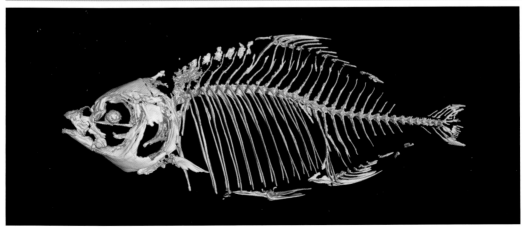

7. 兴凯鳍

Acanthorhodeus chankaensis (Dybowski，1872)

鲤科 Cyprinidae

地方名：鳑鲏、苦皮子、苦屎鳊

野外调查：标本 28 尾，全长 4.8 ~ 10.4 cm，体重 1.1 ~ 12.6 g。采自江西省庐山市、都昌县、永修县吴城镇和南矶山自然保护区。

主要形态特征：背鳍 iii，10 ~ 14；臀鳍 iii，10 ~ 11；胸鳍 i，14 ~ 17；腹鳍 i，6 ~ 7。侧线鳞 32 ~ 37。体高而侧扁，呈卵圆形。头小，吻钝。口端位。口角无须。体被圆鳞。侧线完全，较平直。背鳍和臀鳍具硬刺。体背部黄灰色，腹部银白色。体后沿尾柄中线有一黑色纵带。雄鱼背鳍和臀鳍具两列黑色斑点，臀鳍镶以黑边。生殖期间雄鱼吻部出现白色珠星，雌鱼具产卵管。

生态习性：草食性小型鱼类，主要摄食藻类和植物碎屑等。栖息于各类水体中，生活在浅水区水草丛中。无洄游习性。

保护现状：无危 (LC)。

经济意义：可作为观赏鱼，具一定经济价值。

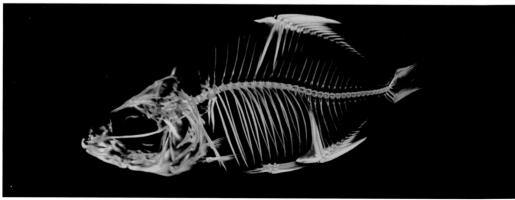

8. 寡鳞鳍

Acheilognathus hypselonotus (Bleeker，1871)

骨骼三维模型

鲤科 Cyprinidae

地方名：鳑鲏

野外调查：标本 5 尾，全长 10.0 ～ 11.8 cm，体重 14.7 ～ 21.4 g。来自江西省水产科学研究所标本室。

主要形态特征：背鳍 iii，14 ～ 16；臀鳍 iii，12 ～ 14；胸鳍 i，13 ～ 14；腹鳍 i，6 ～ 7。侧线鳞 32 ～ 35。体高而薄，呈卵圆形。头小而尖，吻短而钝。口端位。无须。侧线完全。背鳍和臀鳍具硬刺。体侧上半部鳞片后缘灰黑色，侧面银灰色。背鳍外缘有黑边。雄鱼臀鳍有 3 列黑色斑点。尾柄中线有 1 条较细的灰色纵带。生殖期雄鱼吻端有珠星，雌鱼有产卵管。

生态习性：小型鱼类，栖息于浅水区水草丛等缓流或静水水域中。

保护现状：无危 (LC)。

经济意义：产量少，经济价值低。

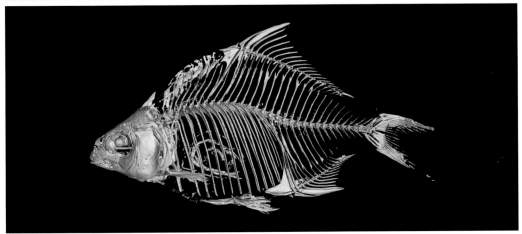

鲤形目 Cypriniformes

9. 大鳍鱊

Acheilognathus macropterus (Bleeker，1871)

骨骼三维模型

鲤科 Cyprinidae

地方名：鳑鲏、猪耳鳑鲏、苦皮子

野外调查：标本 103 尾，全长 7.1 ~ 12.8 cm，体重 5.2 ~ 31.0 g。采自江西省庐山市、都昌县、永修县吴城镇、余干县瑞洪镇和南矶山自然保护区。

主要形态特征：背鳍 iii，15 ~ 18；臀鳍 iii，12 ~ 14；胸鳍 i，13 ~ 16；腹鳍 i，7。侧线鳞 33 ~ 38。体高，扁薄，卵圆形，无腹棱。头小，吻短。口亚下位。口角具须 1 对。侧线完全。背、臀鳍均具硬刺。体背暗绿色，腹部黄白色。尾柄中线有 1 条黑色纵纹。幼鱼背鳍前有一黑点，成体后间隔 4 ~ 5 个侧鳞有个大黑斑。生殖期雄鱼吻端出现白色住珠星；雌鱼具长的灰色产卵管。

生态习性：草食性小型鱼类，栖息于浅水的水草丛中。生殖期 4—6 月，产卵于蚌类的鳃瓣中。无洄游习性。

保护现状：无危 (LC)。

经济意义：可食用，也能作为观赏鱼类，具有一定的经济价值。

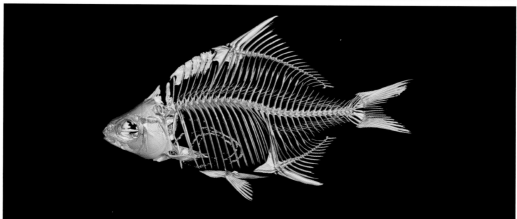

10. 多鳞鱊

Acheilognathus polylepis (Wu，1964)

骨骼三维模型

鲤科 Cyprinidae

地方名：鳑鲏、苦鳊、枫叶

野外调查：标本 5 尾，全长 9.3 ~ 11.5 cm，体重 13.6 ~ 24.0 g。来自江西省水产科学研究所标本室。

主要形态特征：背鳍 iii，12 ~ 14；臀鳍 iii，9 ~ 10；胸鳍 i，13 ~ 14；腹鳍 i，7。侧线鳞 37 ~ 39。体侧扁而延长。口亚下位。口角须 1 对。侧线完全，较平直。背、臀鳍末根不分枝鳍条较粗；尾鳍深分叉。生殖期雄鱼体色鲜艳，吻部有珠星。固定标本尾柄有 1 条黑色纵纹，向前不超过背鳍起点下。鳃盖处有一黑斑。

生态习性：小型鱼类，栖息于缓流水域中。摄食石块上附着的藻类和有机碎屑。产卵于蚌类的外套腔内。

保护现状：无危 (LC)。

经济意义：产量少，经济价值低。

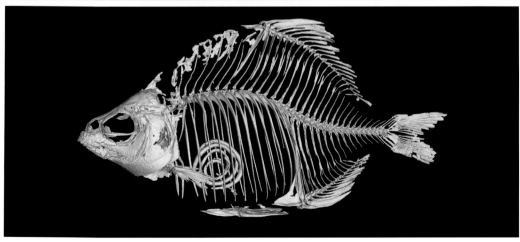

11. 斑条鳍

Acheilognathus taenianalis (Günther，1873)

鲤科 Cyprinidae

地方名：鳑鲏、鳑鲏、菜板鱼

野外调查：标本 26 尾，全长 6.9 ~ 10.4 cm，体重 4.1 ~ 14.2 g。采自江西省庐山市、都昌县、鄱阳县、永修县吴城镇、余干县瑞洪镇和南矶山自然保护区。

主要形态特征：背鳍 iii，16 ~ 17；臀鳍 iii，12 ~ 13；胸鳍 i，14；腹鳍 i，7。侧线鳞 35 ~ 37。体高侧扁，呈菱形。头较小，口亚下位。口角无须。侧线完全。背、臀鳍具有硬刺。背部两侧暗绿色，腹部浅色。鳃孔后方第 1 ~ 2 个侧线鳞上有 1 个明显的大黑斑。沿尾柄中部有 1 条黑色纵纹。背、臀鳍上有数条不连续的黑斑条，鳍边缘黑色。在繁殖期间，雄鱼吻端有白色珠星。臀鳍有 3 列小黑点，臀、腹鳍边缘镶白色。雌鱼产卵管无色。

生态习性：小型鱼类，主要摄食藻类和有机碎屑等，栖息于沿岸静水区域。产卵于蚌类的外套腔中。

保护现状：无危 (LC)。

经济意义：可食用，亦能作为观赏鱼类，具有一定的经济价值。

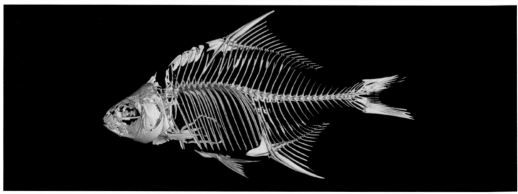

12. 台湾光唇鱼

Acrossocheilus paradoxus (Günther，1868)

骨骼三维模型

鲤科 Cyprinidae

鲤形目 Cypriniformes

地方名：火烧鲮、花鱼、石花鱼

野外调查：标本 2 尾，全长 6.8 ~ 12.8 cm，体重 4.2 ~ 19.5 g。来自江西省水产科学研究所标本室。

主要形态特征：背鳍 iv，8；臀鳍 iii，5；胸鳍 i，14 ~ 16；腹鳍 ii，8。侧线鳞 38 ~ 41。体稍长，侧扁，背部稍隆起，略呈弧形。腹部圆。口下位。口有须 2 对，其吻须短小。侧线完全，侧线稍呈弧形，由体侧延伸至尾鳍基部正中。背鳍和臀鳍基部具明显鳞鞘，腹鳍基部有一狭长腋鳞。背鳍末根不分枝鳍条不变粗，后缘光滑；胸鳍末端不达腹鳍起点；尾鳍分叉。背侧深灰褐色，腹部灰白色。体侧具 6 条黑色条纹，雌鱼条纹较显著；雄鱼沿侧线还有 1 条蓝黑色纵纹，仅限于侧线上方。各鳍灰白色。

生态习性：中下层小型鱼类，主要摄食底栖无脊椎动物和藻类等，生活于河流上游、丘陵山区的大小溪流等急流处。雌鱼卵巢有轻微毒性。

保护现状：无危 (LC)。

经济意义：小型经济鱼类，肉味鲜美，具一定的经济价值。

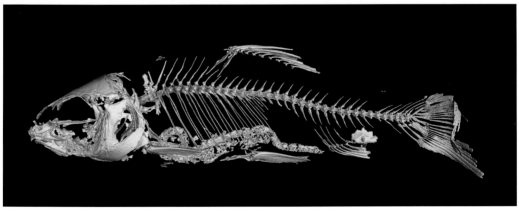

13. 鲫

Carassius auratus (Linnaeus，1758)

鲤科 Cyprinidae

地方名：喜头鱼、鲫、鲫拐子、鲫壳子

野外调查：标本 492 尾，全长 9.1 ～ 27.0 cm，体重 7.0 ～ 368.0 g。采自江西省庐山市、湖口县、都昌县、鄱阳县、永修县吴城镇、余干县瑞洪镇和南矶山自然保护区。

主要形态特征：背鳍 iii，15 ～ 19；臀鳍 iii，5；胸鳍 i，16 ～ 17；腹鳍 i，8。侧线鳞 27 ～ 30。体侧扁而高，腹部圆，无腹棱。头短小，吻短钝。口端位，呈弧形。口角无须。体被较大圆鳞。侧线完全。背鳍、臀鳍具带锯齿的硬刺；胸鳍下侧位，末端接近腹鳍基；尾鳍叉形。背部灰黑色，体侧和腹部为银白色。各鳍灰色。

生态习性：杂食性鱼类，适应能力强，生活于江河湖泊、水库、池塘等水体中，喜栖息于水草丛生的浅水区。分批产卵，产黏性卵。

保护现状：无危 (LC)。

经济意义：天然水域增殖的主要鱼类，营养丰富，经济价值高。

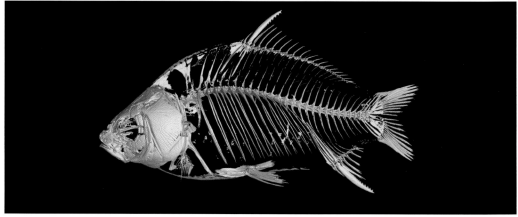

14. 达氏鲌

Chanodichthys dabryi (Bleeker，1871)

骨骼三维模型

鲤科 Cyprinidae

地方名：青梢、青梢鱼、青鲹、戴氏鲌

野外调查：标本203尾，全长13.0～56.5 cm，体重13.6～1 295.0 g。采自江西省湖口县、都昌县、鄱阳县、永修县吴城镇、庐山市星子镇、余干县瑞洪镇和南矶山自然保护区。

主要形态特征：背鳍 iii，7；臀鳍 iii，25～29；胸鳍 i，13～15；腹鳍 i，8。侧线鳞64～70；侧线上鳞13～14，侧线下鳞6。体长、侧扁。头部较小，头后背部稍隆起。口亚上位，口裂斜。无须。腹棱自腹鳍基部至肛门。侧线完全。背鳍具光滑的硬刺；臀鳍无硬刺；尾鳍分叉深，下叶稍长于上叶。体背部色深灰褐色，腹部银白色。

生态习性：凶猛肉食性鱼类，栖息于河流、湖泊水流平稳的水域中，多生活在水的中下层，常集群于水草丛生的近岸湖湾中。无洄游习性。

保护现状：无危 (LC)。

经济意义：具有经济价值，是常见的食用鱼类。

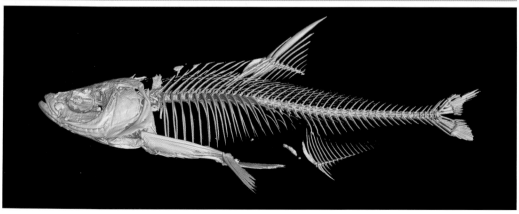

15. 红鳍原鲌

Chanodichthys erythropterus (Basilewsky，1855)

鲤科 Cyprinidae

地方名：短尾鲌、翘嘴巴、红梢子、圹鲌子

野外调查：标本 35 尾，全长 10.7 ~ 29.3 cm，体重 6.3 ~ 243.0 g。采自江西省庐山市、都昌县、鄱阳县、永修县吴城镇和南矶山自然保护区。

主要形态特征：背鳍 iii，7；臀鳍 iii，24 ~ 29；胸鳍 i，14 ~ 16；腹鳍 i，8。侧线鳞 64 ~ 69；侧线上鳞 10，侧线下鳞 5。体长，侧扁。口上位，口裂几乎垂直，下颌突出向上翘。头背面平直，头后背部显著隆起。腹棱完全，自胸鳍基部至肛门。侧线完全。背鳍硬刺后缘光滑。体背部灰褐色，体侧和腹部银白色。体侧上侧每个鳞片后缘有黑色斑点。臀鳍和尾鳍下叶呈橙红色。

生态习性：中上层鱼类，凶猛性肉食性。黏性卵。喜栖息于水草繁茂的湖泊或江河的缓流区，幼鱼常群集在沿岸一带觅食；成鱼则常成群游动于水面，冬季在深水处越冬。

保护现状：无危 (LC)。

经济意义：其肉白细嫩，味美。在长江中下游湖泊中有一定的经济价值。

16. 铜鱼

Coreius heterodon (Bleeker，1864)

骨骼三维模型

鲤科 Cyprinidae

地方名：金鳅、水密子、尖头棒、麻花鱼、铜线、芝麻鱼

野外调查：标本 2 尾，全长 28.5 ~ 29.1 cm，体重 201.8 ~ 207.0 g。采自江西省庐山市。

主要形态特征：背鳍 iii，7 ~ 8；臀鳍 iii，6；胸鳍 i，18 ~ 19；腹鳍 i，7。侧线鳞 54 ~ 56。体前段圆筒状，后端稍侧扁，尾柄部高而长；腹部较平，无腹棱。头锥形，吻圆突。口下位，呈马蹄形。口角须 1 对。体被圆鳞，较小。背鳍和臀鳍基部两侧具鳞鞘。侧线完全，平直。背鳍无硬刺；尾鳍叉形，上叶略长。体呈黄铜色，背部稍深，腹部淡黄。体上侧鳞常具灰黑斑点。各鳍浅灰，边缘浅黄色。

生态习性：杂食性，栖息于江河流水环境，为底层鱼类。喜集群在深潭或深水河槽越冬。成熟亲鱼在春季上溯至宜昌以上的长江江段产卵，产漂流性卵。

保护现状：无危 (LC)。

经济意义：肉鲜嫩，富含脂肪，是长江上游重要经济鱼类之一。

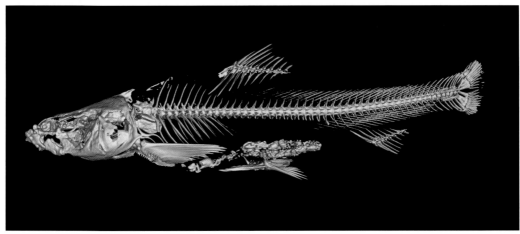

17. 草鱼

Ctenopharyngodon idella (Valenciennes，1844)

骨骼三维模型

鲤科 Cyprinidae

地方名：鲩、草鲩、白鲩、混子

野外调查：标本 243 尾，全长 11.3 ~ 94.0 cm，体重 31.3 ~ 12 800.0 g。采自江西省庐山市、湖口县、都昌县、鄱阳县、永修县吴城镇、余干县瑞洪镇和南矶山自然保护区。

主要形态特征：背鳍 iii，7；臀鳍 iii，8 ~ 9；胸鳍 i，16 ~ 18；腹鳍 ii，8。侧线鳞 38 ~ 44；侧线上鳞 6 ~ 7，侧线下鳞 4 ~ 5。体较长，头部平扁，尾部侧扁，腹部圆且无棱。口端位，呈弧形，无须。侧线完全。背鳍和臀鳍均无硬刺。体呈茶黄色，背部青灰略带草绿，腹部银白色；胸鳍和腹鳍灰黄色。

生态习性：典型的草食性鱼类，栖息于平原地区的江河湖泊及水库中，一般喜居于水的中下层和近岸多水草区域。有江湖洄游习性。

保护现状：无危 (LC)。

经济意义：其生长快，肉质佳，为鄱阳湖主要经济鱼类之一，亦是中国重要的淡水养殖鱼。

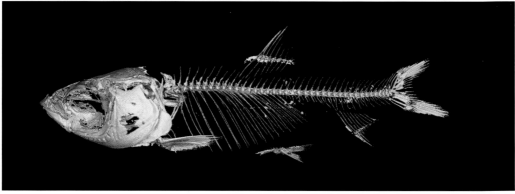

18. 翘嘴鲌

Culter alburnus Basilewsky，1855

鲤科 Cyprinidae

鲤形目 Cypriniformes

地方名：翘嘴巴、条鱼、白鱼、翘壳

野外调查：标本 104 尾，全长 13.1 ~ 79.0 cm，体重 11.8 ~ 3 800.0 g。采自江西省庐山市、湖口县、都昌县、鄱阳县、永修县吴城镇、余干县瑞洪镇和南矶山自然保护区。

主要形态特征：背鳍 iii，7；臀鳍 iii，21 ~ 24；胸鳍 i，15 ~ 16；腹鳍 i，8。侧线鳞 80 ~ 92；侧线上鳞 18 ~ 21，侧线下鳞 7。体较长，侧扁，头背面几乎平直，头后背部隆起。腹棱不完全，腹鳍基至肛门。口上位，口裂垂直，下颌向前突出上翘。眼大。无须。体被小圆鳞。侧线完全，前部浅弧形，后部平直，伸至尾柄中央。背鳍最后一枚为硬刺，后缘光滑；胸鳍较短，末端不达腹鳍起点；尾鳍深叉，下叶较长，末端尖形。体背部和上侧部为灰褐色，腹部为银白色。各鳍呈深灰色。

生态习性：一种凶猛肉食性鱼类，栖息于河流、湖泊及大型水库敞水区的中上层水域。产黏性卵。行动活泼，善于跳跃。

保护现状：无危 (LC)。

经济意义：长江中下游重要的大型鱼类之一，肉白细嫩，味美，经济价值高。

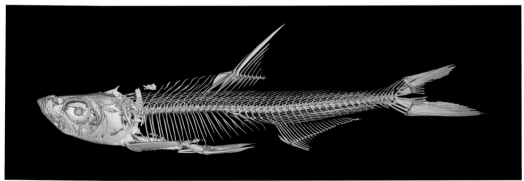

19. 蒙古红鲌

Chanodichthys mongolicus (Basilewsky，1855)

鲤科 Cyprinidae

地方名：红尾巴、红梢子、尖头红梢子、齐嘴红梢

野外调查：标本 148 尾，全长 12.0 ～ 62.5 cm，体重 10.6 ～ 2 544.0 g。采自江西省庐山市、湖口县、都昌县、鄱阳县、永修县吴城镇、余干县瑞洪镇和南矶山自然保护区。

主要形态特征：背鳍 iii，7；臀鳍 iii，18 ～ 22；胸鳍 i，14 ～ 16；腹鳍 i，8。侧线鳞 69 ～ 77；侧线上鳞 13 ～ 16，侧线下鳞 6。体延长，侧扁。头中大，钝尖，头部背面平坦而倾斜。头后背部微隆起。口端位，口裂稍斜。腹棱自腹鳍基部至肛门。侧线完全。背鳍最后一枚硬刺粗大，后缘光滑；尾鳍深分叉，上叶稍长。体背浅棕色，腹部银白色。胸鳍、腹鳍和臀鳍均为浅黄色，尾鳍上叶浅黄色，下叶橙红色。

生态习性：凶猛肉食性鱼类，多生活在水流缓慢的河湾、湖泊的中上层。性活泼，行动迅速。分批产卵。无洄游习性。

保护现状：无危 (LC)。

经济意义：生长速度快，常见食用鱼类，经济价值较高。

20. 拟尖头鲌

Culter oxycephaloides **Kreyenberg & Pappenheim**，**1908**

骨骼三维模型

鲤科 Cyprinidae

地方名：鸭嘴红梢

野外调查：标本 4 尾，全长 20.8 ~ 24.9 cm，体重 66.9 ~ 122.9 g。来自江西省水产科学研究所标本室。

主要形态特征：背鳍 iii，7；臀鳍 iii，23 ~ 26；胸鳍 i，15 ~ 16；腹鳍 i，8。侧线鳞73 ~ 85；侧线上鳞 12 ~ 14，侧线下鳞 7 ~ 8。体长，高而侧扁，头后背部显著隆起。头尖，近似等腰三角形。口亚上位，口裂斜向上。眼中大，位于头的前半侧。腹鳍基部到肛门具有腹棱。背鳍有硬刺；腹鳍不达肛门；尾鳍深分叉。体背部青灰色，体侧和腹部银白色；尾鳍呈橘红色，具黑色边缘。

生态习性：肉食性鱼类，主要捕食小型鱼类、虾类和水生昆虫等。一般生活于江河湖泊。

保护现状：无危 (LC)。

经济意义：数量较少，经济价值较低。

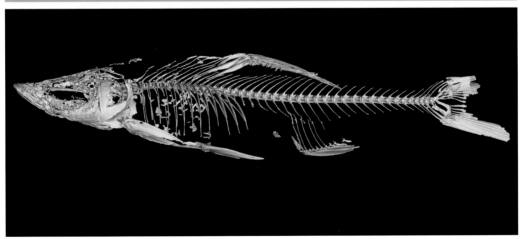

21. 鲤

Cyprinus carpio Linnaeus，1758

骨骼三维模型

鲤科 Cyprinidae

地方名：鲤拐子、鲤鱼

野外调查：标本 146 尾，全长 10.2 ～ 68.2 cm，体重 13.4 ～ 4 032.0 g。采自江西省庐山市、湖口县、都昌县、鄱阳县、永修县吴城镇、余干县瑞洪镇和南矶山自然保护区。

主要形态特征：背鳍 iv，16 ～ 21；臀鳍 iii，5；胸鳍 i，15 ～ 16；腹鳍 i，8。侧线鳞 35 ～ 40；侧线上鳞 6 ～ 7，侧线下鳞 6。体长，略侧扁。背部隆起，腹圆。口亚下位。口角须 2 对。体被中大圆鳞。侧线完全，较平直。背鳍、臀鳍均具带锯齿的硬刺；胸鳍侧下位，后端不伸达腹鳍基；尾鳍叉形。体背部色深，呈灰黑色，体侧金黄色，腹部灰白色。背鳍浅灰色，胸鳍、腹鳍和臀鳍黄色，尾鳍下叶呈橘红色。

生态习性：杂食性鱼类，适应性强，多栖息于开阔水域的中下层，尤其是底质松软、水草丛生的环境。分批产卵，产黏性卵。

保护现状：无危 (LC)。

经济意义：生长快，易繁殖，重要的养殖鱼类，经济价值高。

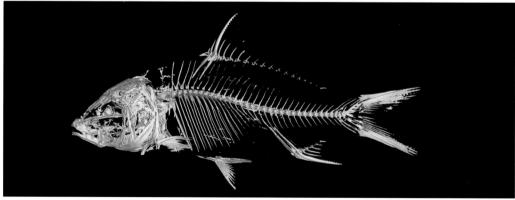

22. 细纹颌须鮈

Gnathopogon taeniellus (Nichols，1925)

骨骼三维模型

鲤科 Cyprinidae

地方名：蛀米虫

野外调查：标本 3 尾，全长 7.2 ～ 7.4 cm，体重 4.1 ～ 6.2 g。来自江西省水产科学研究所标本室。

主要形态特征：背鳍 iii，7；臀鳍 iii，6；胸鳍 i，12 ～ 14；腹鳍 i，7。侧线鳞 35 ～ 36。体较长，稍侧扁，腹平圆。头较短。口端位。口角有短须 1 对。侧线完全。背鳍无硬刺；胸鳍和腹鳍后缘均近圆形；尾鳍分叉，上下叶等长，末端圆钝。背部灰棕褐色，体侧淡黄色，腹部灰白色。背部正中具有一黑色条纹，背鳍有一暗黑条纹。

生态习性：溪流性鱼类，栖息于溪流和山涧中、生活在水流较平稳的沿岸浅水处，主要以藻类、有机碎屑和昆虫为食。

保护现状：无危 (LC)。

经济意义：小型鱼类，经济价值低。

鲤形目 Cypriniformes

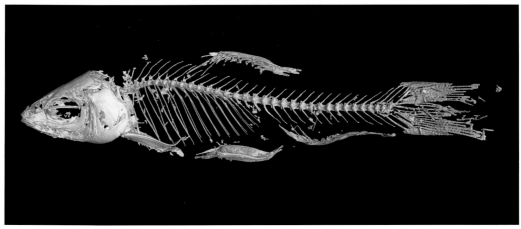

23. 唇䱻

Hemibarbus labeo (Pallas，1776)

骨骼三维模型

鲤科 Cyprinidae

鲤形目 Cypriniformes

地方名：洋鸡虾、竹鱼、重唇鱼、土风鱼

野外调查：标本 9 尾，全长 18.2 ~ 24.4 cm，体重 56.4 ~ 128.0 g。采自江西省庐山市和湖口县。

主要形态特征：背鳍 iii，7；臀鳍 iii，6；胸鳍 i，17 ~ 20；腹鳍 i，8。侧线鳞 47 ~ 50。体长稍侧扁。背部略隆起呈弧形，腹平圆，无腹棱。头较大。吻尖且突出。口下位，呈马蹄形。唇肉质十分肥厚。口角有短须 1 对。体被中大圆鳞。侧线完全，较平直。背鳍末根不分枝鳍条为粗壮光滑硬刺；臀鳍无硬刺；尾鳍上下叶等长。体银灰色，背部颜色稍深，腹部银白色。成体体侧无斑点。背鳍和尾鳍灰黑色，其余各鳍灰白色。

生态习性：主要摄食水生昆虫和软体动物，喜生活于低温的水体中，产卵时须流水环境刺激。

保护现状：无危 (LC)。

经济意义：产量较少，经济价值较低。

24. 花鳕

Hemibarbus maculatus Bleeker，1871

骨骼三维模型

鲤科 Cyprinidae

地方名：麻花鳕、麻鲤、鸡虾、鸡花鱼、麻叉鱼

野外调查：标本 45 尾，全长 12.6 ～ 34.4 cm，体重 19.4 ～ 391.6 g。采自江西省庐山市、湖口县、都昌县、鄱阳县和余干县瑞洪镇。

主要形态特征：背鳍 iii，7；臀鳍 iii，6；胸鳍 i，16 ～ 19；腹鳍 i，8。侧线鳞 47 ～ 50。体较长，侧扁，背隆起稍呈弧形。腹部圆，无腹棱。吻稍尖。口下位，呈马蹄形。须 1 对。体被中小圆鳞。侧线完全，较平直。背鳍末根不分枝鳍条为粗壮光滑硬刺，刺长与头长几等长；臀鳍无硬刺；尾鳍分叉，上下叶等长。背部和体侧呈青灰色，且带有不规则黑色斑点，腹部银白色。侧线上方体侧有 7 ～ 11 块大黑斑，背鳍和尾鳍上散布许多小黑斑。

生态习性：主要摄食水生昆虫和底栖动物等，生活于江河湖泊等水体的中下层。生殖期雄鱼头部出现珠星，体色鲜艳。产黏性卵。

保护现状：无危 (LC)。

经济意义：肉质细嫩，味道鲜美，是常见的中小型食用鱼类之一，具一定的经济价值。

25. 油餐

Hemiculter bleekeri Warpachowski，1888

鲤科 Cyprinidae

地方名：油餐条、白条、刁子、油刁子

野外调查：标本 57 尾，全长 10.3～15.6 cm，体重 6.3～30.6 g。采自江西省庐山市、都昌县、鄱阳县、永修县吴城镇、余干县瑞洪镇和南矶山自然保护区。

主要形态特征：背鳍 iii，7；臀鳍 iii，12～15；胸鳍 i，12～14；腹鳍 i，8。侧线鳞 42～48；侧线上鳞 8～9，侧线下鳞 2。体长，扁薄。背、腹缘凸起呈弧形，腹棱自胸鳍基部至肛门。口端位，口裂斜。无须。眼大。侧线在胸鳍基部上缓慢向下弯折，形成一较平滑的弧形，然后沿腹侧后延至臀鳍基部后端，在向上折至尾柄中央，直达尾鳍基部。背鳍具光滑的硬刺。体背青灰色，体侧和腹部银白色。各鳍呈浅灰色。

生态习性：杂食性，小型中上层鱼类。喜集群，行动迅速，常栖息于浅水地带。产卵时亲鱼集群于流水表面溯游，并有跳跃现象，卵为漂流性。无洄游习性。

保护现状：无危 (LC)。

经济意义：个体较小，数量颇多，有一定食用和经济价值。

26. 鳘

Hemiculter leucisculus (Basilewsky，1855)

骨骼三维模型

鲤科 Cyprinidae

地方名：白条、鳘子、游刁子、刀片鱼

野外调查：标本 67 尾，全长 8.6 ~ 17.6 cm，体重 4.9 ~ 40.3 g。采自都昌县、鄱阳县、庐山市星子镇、余干县瑞洪镇和南矶山自然保护区。

主要形态特征：背鳍 iii，7；臀鳍 iii，10 ~ 14；胸鳍 i，12 ~ 13；腹鳍 i，8。侧线鳞 48 ~ 57；侧线上鳞 8 ~ 9，侧线下鳞 2。体长而侧扁。头、体背缘平直，腹缘弧形，腹棱自胸鳍基部至肛门。口端位。无须。侧线完全，在胸鳍上方向下急剧下滑，至胸鳍末弯折，与腹部平行，在臀鳍基部末端又向上弯折，后延伸至尾柄正中央。体被中大圆鳞，易脱落。背鳍起最后一根硬刺后缘光滑；尾鳍深叉形，末端尖，下叶较长。背部青灰色，侧面和腹面银白色。尾鳍边缘灰黑色。

生态习性：杂食性鱼类，常群栖于流水或静水水体的中上层。性活泼，喜集群，沿岸水面觅食。产卵时有逆水跳滩的习性，分批产卵。无洄游习性。

保护现状：无危 (LC)。

经济意义：个体较小，数量多，为常见的食用鱼类，具一定的经济价值。

27. 鲢

Hypophthalmichthys molitrix (Valenciennes，1844)

骨骼三维模型

鲤科 Cyprinidae

地方名：白鲢、鲢子、鲢鱼

野外调查：标本 430 尾，全长 27.5 ~ 97.0 cm，体重 218.0 ~ 10 000.0 g。采自江西省庐山市、湖口县、都昌县、鄱阳县、永修县吴城镇、余干县瑞洪镇和南矶山自然保护区。

主要形态特征：背鳍 iii，7；臀鳍 iii，11 ~ 13；胸鳍 i，16 ~ 17；腹鳍 i，7 ~ 8。侧线鳞 91 ~ 120；侧线上鳞 27 ~ 32；侧线下鳞 16 ~ 20。体长而侧扁，腹部窄。自胸鳍基部前方至肛门有腹棱。头大，侧扁。口端位。无须。体被细小圆鳞。侧线完全。背鳍和臀鳍无硬刺；胸鳍下侧位，后端伸达或伸越腹鳍基；尾鳍分叉，末端尖。体银白，头、背部颜色较暗。胸鳍和腹鳍灰白色，背鳍和尾鳍边缘灰黑色。

生态习性：主要摄食浮游植物。栖息于江河湖泊等水域中上层。性活泼、善跳跃。有江湖洄游习性。

保护现状：无危 (LC)。

经济意义：鲢是我国主要养殖鱼类，也是鄱阳湖重要经济鱼类之一。在长江中下游及其附属湖泊中产量很高。

28. 鳙

Hypophthalmichthys nobilis (Richardson，1845)

骨骼三维模型

鲤科 Cyprinidae

地方名：花鲢、胖头鱼、雄鱼

野外调查：标本 306 尾，全长 19.9 ~ 108.0 cm，体重 85.6 ~ 13 500.0 g。采自江西省庐山市、湖口县、都昌县、鄱阳县、永修县吴城镇、余干县瑞洪镇和南矶山自然保护区。

主要形态特征：背鳍 iii，7；臀鳍 iii，10 ~ 13；胸鳍 i，16 ~ 19；腹鳍 i，7 ~ 8。侧线鳞 91 ~ 108；侧线上鳞 20 ~ 28，侧线下鳞 13 ~ 19。体长且侧扁。腹部在腹鳍基部之前平圆，腹鳍基至肛门间有腹棱。头大，头长大于体高。吻短而宽。口大，端位。无须。体被细小圆鳞。侧线完全。背鳍和臀鳍无硬刺；胸鳍长，末端伸越腹鳍基部；尾鳍上下叶几等长。体背部灰黑色，腹部灰白，两侧有许多不规则黑色斑点。各鳍灰白，并有较多黑斑。

生态习性：主要摄食浮游动物。栖息于江河湖泊等大水面中上层。性温顺，动作较迟缓，不喜跳跃，易捕捞。一次性产卵，产漂浮性卵。有江湖洄游习性。

保护现状：无危 (LC)。

经济意义：长江中下游重要的经济鱼类之一，也是我国主要的养殖鱼类。

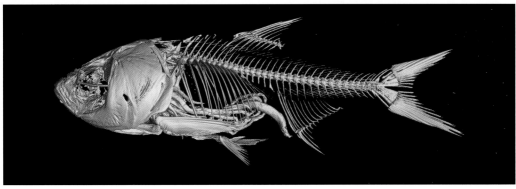

29. 团头鲂

Megalobrama amblycephala Yih，1955

骨骼三维模型

鲤科 Cyprinidae

地方名：鳊鱼、团头鳊、武昌鱼、草鳊

野外调查：标本 123 尾，全长 20.3 ~ 49.5 cm，体重 107.0 ~ 1 290.0 g。采自江西省庐山市、都昌县、鄱阳县、永修县吴城镇、余干县瑞洪镇和南矶山自然保护区。

主要形态特征：背鳍 iii，7；臀鳍 iii，27 ~ 32；胸鳍 i，16 ~ 19；腹鳍 i，8。侧线鳞 50 ~ 58；侧线上鳞 11 ~ 13，侧线下鳞 9。体短而高、侧扁，呈菱形。腹棱自腹鳍基部至肛门。头短而小。吻较钝圆。口端位，呈弧形。上下颌角质发达。无须。侧线完全。背鳍最后一枚硬刺后缘光滑，刺长一般短于头长；臀鳍长，无硬刺；尾鳍深分叉。鳔 3 室，中室最大，后室细小。体灰黑色，背部和上侧部色较深。体侧每一鳞片的外缘灰黑色，使体侧呈现多条平行的浅黑色纵纹。各鳍黑灰色。

生态习性：草食性鱼类，因此有"草鳊"之称。栖息于江河湖泊水流平稳的敞水区中，活动于水体中下层。生殖期雌雄鱼都有珠星，产黏性卵。无洄游习性。

保护现状：无危 (LC)。

经济意义：生长较快，肉味鲜美，富含脂肪，是一种品质优良的养殖鱼，经济价值较高。

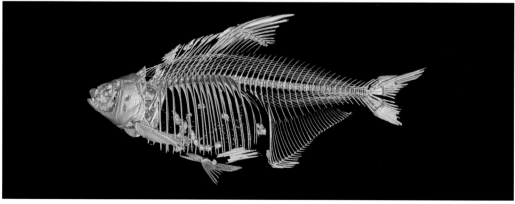

30. 三角鲂

Megalobrama terminalis (Richardson，1846)

骨骼三维模型

鲤科 Cyprinidae

地方名：鳊鱼、三角鳊、乌鳊

野外调查：标本 642 尾，全长 10.1 ~ 83.0 cm，体重 5.2 ~ 6 434.0 g。采自江西省庐山市、湖口县、都昌县、鄱阳县、永修县吴城镇、余干县瑞洪镇和南矶山自然保护区。

主要形态特征：背鳍 iii，7；臀鳍 iii，24 ~ 32；胸鳍 i，17 ~ 19；腹鳍 i，8。侧线鳞 50 ~ 58；侧线上鳞 10 ~ 12，侧线下鳞 5 ~ 6。体高而侧扁，呈菱形。腹鳍至肛门具有腹棱，尾较短。口较小，端位。上下颌角质发达。体被中等圆鳞。侧线完全。背鳍第三不分枝鳍条为硬刺，刺长一般长于头长；臀鳍无硬刺；尾鳍深分叉，下叶稍长。鳔 3 室，前室最大，后室最小。体呈灰黑色，腹侧银灰色，体侧鳞片中间浅色，边缘灰黑色。各鳍呈灰黑色。

生态习性：杂食性鱼类，栖息于江河湖泊的水流平缓或静水的中下层水域，平时喜栖于水草丛生处，冬季在深水区越冬。产黏性卵。无洄游习性。

保护现状：无危 (LC)。

经济意义：肉味鲜美，脂肪丰富，食用价值高，颇受人们的喜爱，一种较名贵的经济鱼类。

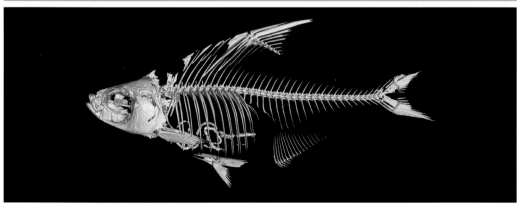

31. 福建小鳔鮈

Microphysogobio fukiensis (Nichols，1926)

鲤科 Cyprinidae

鲤形目 Cypriniformes

地方名：蚕姑鱼

野外调查：标本 3 尾，全长 6.4 ～ 9.9 cm，体重 2.6 ～ 10.8 g。来自江西省水产科学研究所标本室。

主要形态特征：背鳍 iii，7；臀鳍 iii，5 ～ 6；胸鳍 i，12 ～ 13；腹鳍 i，7。侧线鳞 35 ～ 37；侧线上鳞 4，侧线下鳞 2。体延长，稍侧扁，腹部稍圆，无腹棱。口下位。口角具须 1 对。体被中等圆鳞，胸鳍基部前裸露。侧线完全。背鳍和臀鳍无硬刺；尾鳍分叉，上下叶几等长。体背青灰色，腹部灰白色。体侧沿中轴有 1 条不明显的银灰色纵纹，上有 7 ～ 9 个黑斑。背部具 5 ～ 6 个较大的黑色斑块。背、尾鳍具许多黑色斑点，常排列成条纹。

生态习性：栖息于水流较缓的溪流中，主要摄食水生昆虫和石头上附生的藻类等。

保护现状：数据缺乏 (DD)。

经济意义：小型鱼类，经济价值低。

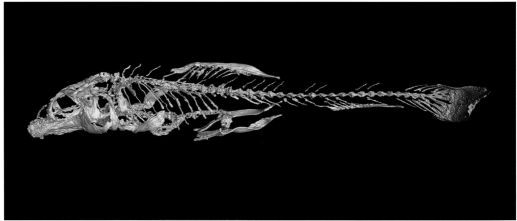

32. 青鱼

Mylopharyngodon piceus (Richardson，1846)

骨骼三维模型

鲤科 Cyprinidae

地方名：青鲩、黑鲩、乌鲩、螺蛳鲩

野外调查：标本 47 尾，全长 16.6 ～ 93.0 cm，体重 31.6 ～ 8 725.0 g。采自江西省庐山市、湖口县、都昌县、永修县、余干县瑞洪镇以及南矶山自然保护区。

主要形态特征：背鳍 iii，7；臀鳍 iii，8 ～ 9；胸鳍 i，16 ～ 18；腹鳍 ii，8。侧线鳞 39 ～ 44；侧线上鳞 6 ～ 7，侧线下鳞 4 ～ 5。体延长，略呈棒形，尾部侧扁，腹部圆，无腹棱。口端位，呈弧形。无须。背鳍、臀鳍无硬刺。侧线完全。尾鳍分叉。体呈青灰色，背面较深，腹部灰白色，各鳍均呈灰黑色。

生态习性：肉食性鱼类，主要摄食螺、蚬等。栖息江河湖泊等中下层水体中，喜活动于水体下层及水流较急的水域。有江湖洄游习性。

保护现状：无危 (LC)。

经济意义：生长速度快，个体大，肉味美，是我国四大家鱼之一，也是传统的养殖鱼。

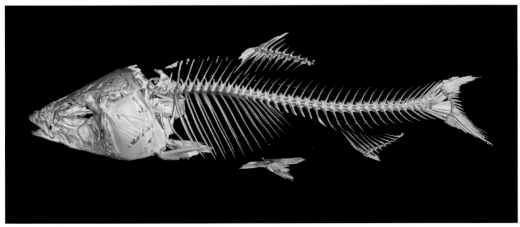

33. 鳡

Ochetobius elongatus (Kner，1867)

鲤科 Cyprinidae

地方名：笔杆刁、粗笔刁、刁子、麦穗刁、刁杆

野外调查：标本 3 尾，全长 19.0 ～ 19.8 cm，体重 39.0 ～ 43.0 g。采自江西省永修县吴城镇。

主要形态特征：背鳍 iii，9；臀鳍 iii，9 ～ 10；胸鳍 i，16；腹鳍 ii，9。侧线鳞 65 ～ 68；侧线上鳞 10，侧线下鳞 4 ～ 5。体细长呈圆柱形，稍侧扁，腹部圆，无腹棱。头小而尖，吻突出，略呈圆锥形。口端位。无须。背鳍无硬刺。体背部呈灰黑色，腹部银白色。各鳍淡黄色。

生态习性：主要摄食水生昆虫等浮游生物，也以一些小鱼和虾类为食。栖息于江河湖泊的大水面中下层水体中。有江湖洄游习性。

保护现状：极危 (CR)。

经济意义：肉质细嫩，味鲜美，营养价值高，有一定经济价值。

34. 稀有白甲鱼
Onychostoma rarum (Lin，1933)

骨骼三维模型

鲤科 Cyprinidae

地方名：沙鱼

野外调查：标本 2 尾，全长 16.8 ~ 27.1 cm，体重 59.3 ~ 261.8 g。来自江西省水产科学研究所标本室。

主要形态特征：背鳍 iv，8；臀鳍 iii，5；胸鳍 i，15 ~ 16；腹鳍 i，8。侧线鳞 40 ~ 42。体纺锤形，侧扁。口下位。下颌裸露，具锐利的角质前缘。背鳍末根不分支鳍条为硬刺，末端柔软，后缘有锯齿；胸鳍第一根分支鳍条最长，后伸不达腹鳍起点；臀鳍起点紧靠肛门；尾鳍深叉形。背鳍和臀鳍基具鳞鞘，腹鳍基外侧具一狭长腋鳞。侧线完全。背部青黑色，腹部银白色。体侧鳞片基部有新月形黑色斑块。各鳍浅黑色。生殖期雄鱼吻端多有颗粒状珠星。

生态习性：生活于江河中下层，以藻类为主的杂食性鱼类。分批产卵。

保护现状：易危 (VU)。

经济意义：肉味美，营养价值和经济价值较高。

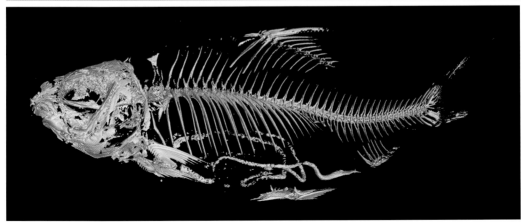

35. 马口鱼

Opsariichthys bidens Günther，1873

骨骼三维模型

鲤科 Cyprinidae

地方名：花权鱼、桃花鱼、山鳡、坑爬、宽口、大口扒、扯口婆、红车公

野外调查：标本 2 尾，全长 16.0 ~ 16.8 cm，体重 41.3 ~ 50.5 g。来自江西省水产科学研究所标本室。

主要形态特征：背鳍 iii，7；胸鳍 i，13 ~ 15；腹鳍 i，8；臀鳍 iii，9。侧线鳞 39 ~ 47；侧线上鳞 8 ~ 10，侧线下鳞 2 ~ 4。体长而侧扁，腹部较圆，无腹棱。头中等大，顶部较平。吻钝。口端位，马蹄形，上下颌凹凸镶嵌。背鳍无硬刺；胸鳍不达腹鳍；尾鳍分叉，上下叶几等长。背部呈灰黑色，腹部银白色，体侧有许多蓝绿色的垂直条纹，鳍为橙黄色。生殖期雄鱼头部和臀鳍有珠星，臀鳍第一至第四分枝鳍条延长，全身颜色鲜艳。固定标本蓝斑变黑。

生态习性：一种杂食性偏肉食淡水鱼。性凶猛，贪食。喜栖息于江河湖泊、水库及砂石底质的水域环境中。

保护现状：无危 (LC)。

经济意义：小型鱼类，在某些山区种群数量较大，有一定的经济价值。

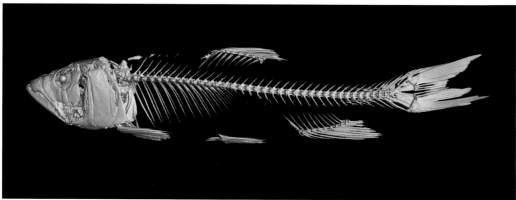

36. 鳊

Parabramis pekinensis (Basilewsky，1855)

鲤科 Cyprinidae

地方名：鳊鱼、长身鳊、草鳊

野外调查：标本 27 尾，全长 9.9 ~ 41.2 cm，体重 15.8 ~ 839.0 g。采自江西省庐山市、湖口县、都昌县、鄱阳县、永修县吴城镇、余干县瑞洪镇和南矶山自然保护区。

主要形态特征：背鳍 iii，7；臀鳍 iii，28 ~ 34；胸鳍 i，16 ~ 18；腹鳍 i，8。侧线鳞 54 ~ 59；侧线上鳞 11 ~ 13，侧线下鳞 7 ~ 9。体高而侧扁，头后背部隆起，呈长菱形。腹部完全，腹棱自胸鳍直达肛门。头小，侧扁。无须。口端位，口裂斜，上颌略长于下颌。侧线完全。背鳍最后硬刺粗壮而后缘光滑。体背部青灰色，略带有绿色光泽，体侧和腹部银白色。各鳍镶以黑色边缘。

生态习性：草食性鱼类，一般栖息于多水草水体的中下层，在静水或流水区都能生活。分批产卵，产漂浮性卵。无洄游习性。

保护现状：无危 (LC)。

经济意义：肉味鲜美，是天然水体中一种常见的食用鱼类，经济价值较高。

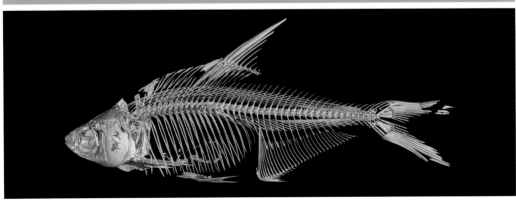

37. 似刺鳊鮈

Paracanthobrama guichenoti Bleeker，1864

骨骼三维模型

鲤科 Cyprinidae

地方名：石鲫、金鳍鲤、罗红

野外调查：标本 6 尾，全长 13.7～25.4 cm，体重 26.0～299.4 g。采自江西省都昌县、鄱阳县和永修县吴城镇。

主要形态特征：背鳍 iii, 7；臀鳍 iii, 6；胸鳍 i, 15～17；腹鳍 i, 7。侧线鳞 47～50。体长侧扁，腹部圆，无腹棱。头后背部明显隆起，至背鳍起点处最高。头短小。吻较短而稍尖。口下位。口角须 1 对。侧线完全。背鳍具有粗壮而光滑的硬刺，刺长大于头长；臀鳍无硬刺；尾鳍分叉，上下叶几等长。体侧无斑。背部呈较深青灰色，腹部银白色。背鳍边缘黑色，臀鳍和尾鳍呈红色。

生态习性：杂食性鱼类，栖息于河流、湖泊等水域中。

保护现状：无危 (LC)。

经济意义：生长较慢，具一定的经济价值。

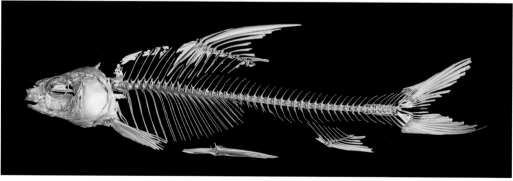

鲤形目 Cyprinformes

38. 细鳞斜颌鲴

Plagiognathops microlepis (Bleeker，1871)

骨骼三维模型

鲤科 Cyprinidae

鲤形目 Cypriniformes

地方名：沙姑子、黄片、板黄鱼

野外调查：标本 4 尾，全长 10.1 ～ 11.5 cm，体重 8.5 ～ 12.4 g。采自江西省鄱阳县。

主要形态特征：背鳍 iii，7；臀鳍 iii，10 ～ 14；胸鳍 i，14 ～ 16；腹鳍 i，8。侧线鳞 72 ～ 84；侧线上鳞 11 ～ 16，侧线下鳞 6 ～ 8。体延长，背部较高。腹圆，腹棱从腹鳍基部直达肛门。头小，吻端圆钝。口下位，呈弧形，下颌有较发达的角质边缘。无须。侧线完全。背鳍具光滑硬刺，刺长大于头长。腹鳍基部有 2 片腋鳞。背侧灰褐色，腹部银白色。背鳍灰色；臀鳍淡黄色；尾鳍橘黄色，后缘略带灰黑色。

生态习性：一般栖息于江河湖泊等水面宽阔、水流平缓的中下层水体，分散活动、觅食。主要摄食藻类和水生高等植物。产黏性卵。生殖期雄鱼头部和胸鳍出现珠星。无洄游习性。

保护现状：无危 (LC)。

经济意义：肉味鲜美，经济价值较高。现已成为一种新的养殖鱼。

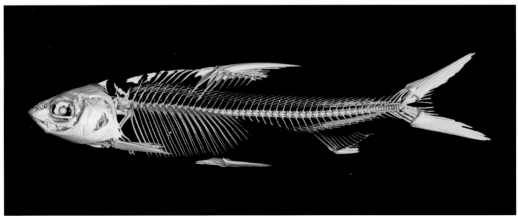

39. 似鳊

Pseudobrama simoni (Bleeker，1864)

骨骼三维模型

鲤科 Cyprinidae

地方名：鳊鲴刁、扁脖子、逆片、逆鱼

野外调查：标本 70 尾，全长 9.8 ～ 16.2 cm，体重 8.2 ～ 32.0 g。采自江西省庐山市、都昌县、鄱阳县、永修县吴城镇、余干县瑞洪镇和南矶山自然保护区。

主要形态特征：背鳍 iii，7；臀鳍 iii，9 ～ 12；胸鳍 i，13 ～ 14；腹鳍 i，8。侧线鳞 41 ～ 47；侧线上鳞 8 ～ 10，侧线下鳞 4 ～ 5。体较短侧扁，腹圆，腹鳍基部至肛门前有腹棱。头较为短小，吻略圆而钝。无须。侧线完全。口下位。背鳍具光滑硬刺；腹鳍基部有一狭长的腋鳞。体背部灰褐色，腹部银白色。背鳍和尾鳍浅灰色，胸鳍和腹鳍基部浅黄色，臀鳍灰白色。

生态习性：栖息于河流和湖泊中，主要摄食浮游生物和水生高等植物等。喜欢集群逆水而游，故有"逆鱼"之称。生殖期雄鱼吻部出现珠星。

保护现状：无危 (LC)。

经济意义：小型鱼类，具一定的经济价值。

鲤形目 Cypriniformes

40. 寡鳞飘鱼

Pseudolaubuca engraulis (Nichols，1925)

骨骼三维模型

鲤科 Cyprinidae

地方名：蓝片子、游刁子、大脑壳刁子

野外调查：标本 12 尾，全长 10.1 ~ 19.0 cm，体重 5.2 ~ 52.2 g。来自江西省水产科学研究所标本室。

主要形态特征：背鳍 iii，7；臀鳍 iii，17 ~ 21；胸鳍 i，14；腹鳍 i，7 ~ 8。侧线鳞 45 ~ 53；侧线上鳞 8 ~ 9，侧线下鳞 2 ~ 3。体延长而侧扁，背缘较平直，腹缘略圆凸。颊部至肛门有明显的腹棱。口端位。下颌中央有一突起与上颌的凹陷相吻合。侧线完全，在胸鳍上方缓慢向下弯曲。背鳍无硬刺；胸鳍长，尖形，不达腹鳍；尾鳍深分叉，下叶较长。体背部青褐色，侧面和腹部银白色，各鳍淡黄色。

生态习性：为杂食性小型鱼类，生活在水域的中上层，常集群在水面游动。5 ~ 6 月在江河中产漂流性卵。无洄游习性。

保护现状：无危 (LC)。

经济意义：生长速度较慢，个体小，数量少，经济价值较低。

41. 银飘鱼

Pseudolaubuca sinensis **Bleeker，1864**

骨骼三维模型

鲤科 Cyprinidae

地方名：飘鱼、篮片子、篮刀片、薄鲦、毛叶刀、杨白刀

野外调查：标本 36 尾，全长 12.4～25.3 cm，体重 6.5～71.2 g。采自江西省庐山市、鄱阳县、永修县吴城镇、余干县瑞洪镇和南矶山自然保护区。

主要形态特征：背鳍 iii，7；臀鳍 iii，21～24；胸鳍 i，13～14；腹鳍 i，7～8。侧线鳞 63～72；侧线上鳞 9～10，侧线下鳞 2。体延长、极侧扁，背缘平直，腹缘略呈弧形，腹棱明显，尖锐如刀，自颊部直至肛门。口端位，口裂斜，下颌中央有一突起与上颌的凹陷相吻合。侧线完全，在胸鳍上分急剧向下弯曲，形成一明显角度。体被小圆鳞，易脱落。尾鳍深叉，下叶稍长。背鳍无硬刺。体背部和上侧部灰褐色，腹部银白色。胸鳍、腹鳍淡黄色，其余鳍灰黑色。

生态习性：为杂食性的小型鱼类，在流水和静水中都能生活，喜群集于浅水区的水面上漂游，行动迅速，飘忽不定，故有"飘鱼"之称。无洄游习性。

保护现状：无危 (LC)。

经济意义：可食用，小型经济鱼类。

42. 麦穗鱼

Pseudorasbora parva (Temminck & Schlegel，1846)

骨骼三维模型

鲤科 Cyprinidae

地方名：麻嫩子、罗汉鱼、青皮嫩

野外调查：标本 22 尾，全长 4.1 ～ 10.4 cm，体重 1.2 ～ 10.7 g。采自江西省庐山市、永修县吴城镇、余干县瑞洪镇和南矶山自然保护区。

主要形态特征：背鳍 iii，7；臀鳍 iii，6；胸鳍 i，12 ～ 13；腹鳍 i，7。侧线鳞 34 ～ 38。体长侧扁，腹部圆，无腹棱。头后背部稍隆起。头尖、略扁平。口小，上位。无须。侧线完全，较平直。背鳍和臀鳍无硬刺，尾鳍分叉，上下叶等长。背部浅黑褐色，体侧渐渐转淡，腹部灰白色。体侧鳞片后缘具新月形黑纹。繁殖期雄鱼体色较暗，头部具白色珠星；雌鱼体色较淡。

生态习性：主要摄食浮游生物。产黏性卵。雄鱼有护卵习性。栖息于水流平稳的河流、湖泊、池塘沿岸等多水草的水域，在溪流中也偶有出现。

保护现状：无危 (LC)。

经济意义：经济价值较低，大多作为家禽的饲料鱼。

43. 吻鮈

Rhinogobio typus Bleeker，1871

骨骼三维模型

鲤科 Cyprinidae

鲤形目 Cypriniformes

地方名：麻秆、秋子、长鼻白杨鱼、棍子鱼

野外调查：标本 17 尾，全长 17.6 ~ 38.6 cm，体重 34.5 ~ 608.7 g。采自江西省都昌县、鄱阳县、余干县瑞洪镇和南矶山自然保护区。

主要形态特征：背鳍 iii，7；臀鳍 iii，6；胸鳍 i，15 ~ 17；腹鳍 i，7。侧线鳞 49 ~ 51。体细长，前段圆筒状，后部细长而略侧扁，腹部稍平。头尖，呈锥形。吻尖。口下位。唇厚，光滑，无乳突。口角须 1 对。体被较小圆鳞，胸部鳞特别细小，常隐于皮下。侧线完全，平直。背鳍和臀鳍无硬刺；尾鳍分叉，上下叶末端尖，几等长。体色深，背部灰黑色，腹部白色或微带浅黄。背鳍和尾鳍灰黑色，其他鳍浅灰色。

生态习性：底栖型鱼类，主要摄食水生昆虫和藻类。喜栖息于江河浅水、泥沙或砾石底质的缓流河口。

保护现状：无危 (LC)。

经济意义：中小型鱼类，分布比较广泛，为常见的食用鱼类。具一定的经济价值。

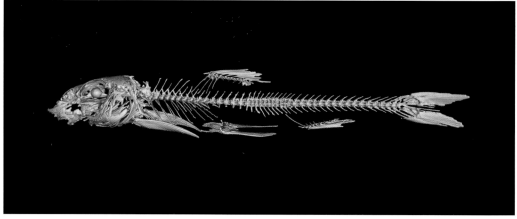

44. 方氏鳑鲏

Rhodeus fangi (Miao，1934)

鲤科 Cyprinidae

地方名：鳑鲏

野外调查：标本 4 尾，全长 3.5 ~ 4.9 cm，体重 0.36 ~ 1.29 g。来自江西省水产科学研究所标本室。

主要形态特征：背鳍 iii，9 ~ 11；臀鳍 iii，9 ~ 12；胸鳍 i，9 ~ 11；腹鳍 i，6。体高且侧扁。眼中大。口端位。无须。体被中大圆鳞。侧线不完全。背鳍和臀鳍末根不分枝鳍条较硬。尾鳍叉形。浸泡标本尾柄黑色条纹超过背鳍起点。雄鱼鳃盖上角一半有一圆形黑斑，雄鱼背鳍前方有一黑斑。繁殖季节，雌鱼出现产卵管，雄鱼吻端出现珠星，且臀鳍外缘有黑边。

生态习性：底栖小型鱼类，栖息于河流湖泊等缓流浅水区。

保护现状：无危 (LC)。

经济意义：可观赏，数量少，经济价值较低。

45. 彩石鳑鲏

Rhodeus lighti (Wu，1931)

鲤科 Cyprinidae

地方名：胭脂鳑鲏、菜板鱼

野外调查：标本 5 尾，全长 6.4 ~ 9.4 cm，体重 3.6 ~ 10.4 g。来自江西省水产科学研究所标本室。

主要形态特征：背鳍 iii，8 ~ 11；臀鳍 iii，8 ~ 11；胸鳍 i，10 ~ 11；腹鳍 i，6。体呈卵圆形，侧扁。头短。吻短而钝。口端位。口角无须。侧线不完全。背鳍和臀鳍无硬刺。背部深蓝色，腹部浅色，略带粉色。鳃孔后方的第一个侧线鳞上有一翠绿色斑点。背鳍前部有一黑斑，臀鳍边缘黑色；尾鳍上下叶间有一橘红色纵纹。

生态习性：小型鱼类，主要摄食藻类和水生植物碎屑等。生活于江河湖泊和小溪等水体，雌鱼产卵于蚌内。无洄游习性。

保护现状：未予评估 (NE)。

经济意义：观赏鱼类，具一定的经济价值。

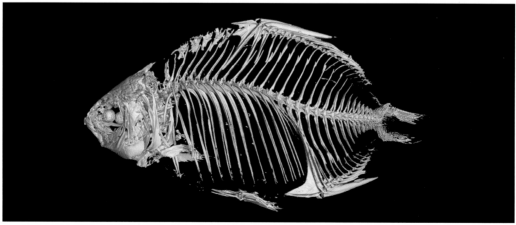

46. 高体鳑鲏

Rhodeus ocellatus (Kner，1866)

骨骼三维模型

鲤科 Cyprinidae

地方名：鳑鲏、火片子、苦皮子、苦逼斯、苦屎鳊

野外调查：标本 16 尾，全长 7.0 ~ 10.5 cm，体重 3.1 ~ 14.7 g。采自江西省鄱阳县。

主要形态特征：背鳍 iii，10 ~ 12；臀鳍 iii，9 ~ 12；胸鳍 i，9 ~ 12；腹鳍 i，6 ~ 7。侧线鳞 2 ~ 6。体高而侧扁，背前部显著隆起，身体略呈卵圆形。头小，口端位，口角无须。体被中大圆鳞。侧线不完全。背鳍和臀鳍末根不分枝鳍条为硬刺。繁殖期雄鱼体色鲜艳，吻端具珠星，鳃盖后缘上方有彩斑。背鳍和臀鳍外缘有黑边。固定标本尾柄中央有 1 条黑色纵带，向前伸不达背鳍起点。

生态习性：底栖小型鱼类，栖息于缓流或静水等多水草的区域。

保护现状：无危 (LC)。

经济意义：观赏价值较高，亦可食用，具一定的经济价值。

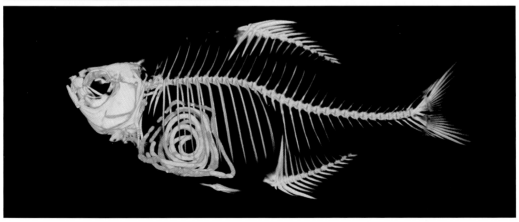

47. 中华鳑鲏

Rhodeus sinensis Günther，1868

骨骼三维模型

鲤科 Cyprinidae

鲤形目 Cypriniformes

地方名：鳑鲏、苦皮子、苦逼斯、菜板鱼

野外调查：标本3尾，全长9.9～11.5 cm，体重13.6～21.2 g。来自江西省水产科学研究所标本室。

主要形态特征：背鳍 iii，10～13；臀鳍 iii，10～13；胸鳍 i，10～12；腹鳍 i，5～6。侧线鳞3～6。体高而侧扁，呈卵圆形，背部隆起，腹部弧形。头小而尖。口小，端位。口角无须。侧线不完全。背鳍基部较长，最后不分枝鳍条为硬刺；尾鳍上下叶对称。体色鲜艳，体侧上部每个鳞片后缘都有小黑点。侧线起点处有一彩色斑块。背鳍和臀鳍上有数条黑斑。

生态习性：栖息于淡水湖泊、水库和河流等浅水区的底层，喜欢在水草茂盛的水体中群游。主要摄食藻类和有机碎屑等。

保护现状：无危 (LC)。

经济意义：可作为观赏鱼或饵料鱼，具一定的经济价值。

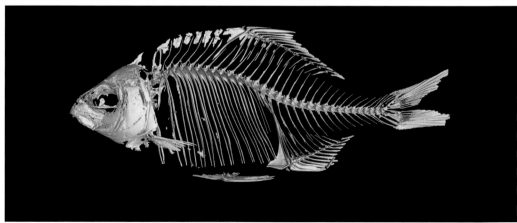

48. 江西鳈

Sarcocheilichthys kiangsiensis Nichols，1930

鲤科 Cyprinidae

鲤形目 Cypriniformes

地方名：五色鱼、火烧鱼、桃花鱼、芝麻鱼、油鱼子

野外调查：标本 6 尾，全长 10.3 ~ 11.6 cm，体重 12.5 ~ 21.0 g。采自江西省都昌县和南矶山自然保护区。

主要形态特征：背鳍 iii，7；臀鳍 iii，6；胸鳍 i，15 ~ 17；腹鳍 i，7。侧线鳞 42 ~ 44。体较长，侧扁。吻突出。口下位，略呈马蹄形。下颌前缘的角质层较发达。口角有短须 1 对。侧线完全。背鳍无硬刺；胸鳍末端圆；尾鳍上下叶等长。背部灰黑色，腹部白色。体侧有不规则的黑斑；鳃盖后缘和颊部橘黄色；鳃孔后方有 1 条垂直的黑色斑纹；体侧沿侧线有一黑色条纹。背鳍和尾鳍灰黑色，其余各鳍灰白色。

生态习性：杂食性鱼类，主要摄食藻类和水生昆虫。生殖期间雄鱼体色鲜艳，雌鱼产卵管稍延长。

保护现状：无危 (LC)。

经济意义：个体小，食用价值低。具有一定的观赏价值。

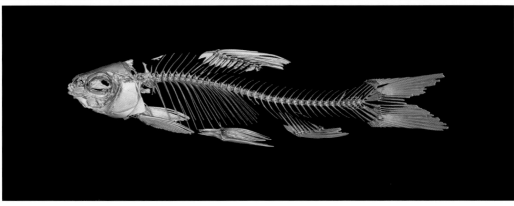

49. 黑鳍鳈

Sarcocheilichthys nigripinnis (Günther，1873)

骨骼三维模型

鲤科 Cyprinidae

地方名：花腰，火烧鱼、花玉穗、花鱼、芝麻鱼、花媳妇

野外调查：标本 14 尾，全长 7.7 ~ 18.2 cm，体重 5.2 ~ 45.5 g。采自江西省庐山市、湖口县、鄱阳县、永修县吴城镇、余干县瑞洪镇。

主要形态特征：背鳍 iii，7；臀鳍 iii，6；胸鳍 i，14 ~ 15；腹鳍 i，7。侧线鳞 37 ~ 41。体长侧扁微圆，头后背部隆起，腹部圆，无腹棱。吻短钝。口下位，呈弧形。无须。背鳍无硬刺。背部深棕黄色，腹部白色。体侧散布有不规则的黑斑，中轴有黑色条纹；鳃盖后缘和颊部呈橘黄色；鳃孔后方有一黑色的垂直条纹。背鳍和尾鳍呈较深灰黑色。生殖期间雄鱼吻部出现珠星；雌鱼产卵管延长。

生态习性：中下层小型鱼类，杂食性，栖息于水流缓慢、水草丛生的水体中。

保护现状：无危 (LC)。

经济意义：个体小，产量少，食用价值和经济价值均不高，具一定观赏价值。

50. 小鰁

Sarcocheilichthys parvus Nichols，1930

骨骼三维模型

鲤科 Cyprinidae

地方名：五色鱼、荷叶鱼

野外调查：标本 2 尾，全长 5.6 ～ 6.8 cm，体重 1.8 ～ 2.3 g。来自江西省水产科学研究所标本室。

主要形态特征：背鳍 iii，7；臀鳍 iii，6；胸鳍 i，13 ～ 15；腹鳍 i，7。侧线鳞 35 ～ 36。体稍长而侧扁，头较小。吻较短而圆钝。口下位，呈马蹄形。下颌前缘具有发达的角质边缘。口角有须 1 对。侧线完全，平直。背鳍和胸鳍较长；尾鳍上下叶末端稍圆。体背部灰黑色，沿体侧正中有 1 条宽阔的黑色条纹。颊部橘红色。背鳍灰白色，其余各鳍淡黄色。各鳍具散布的黑点。

生态习性：小型鱼类，栖息于山溪和小河中的中下层，喜清澈水质和砾石底质。生殖期雄鱼吻部出现珠星，雌鱼产卵管延长。分批产卵，产黏性卵。主要摄食浮游生物和底栖动物。

保护现状：无危 (LC)。

经济意义：个体小，食用价值低。具有一定的观赏价值。

51. 华鳈

Sarcocheilichthys sinensis Bleeker，1871

鲤科 Cyprinidae

地方名：花石鲫、山鲤子、黄棕鱼、花鱼

野外调查：标本 3 尾，全长 5.2 ~ 6.1 cm，体重 1.2 ~ 2.8 g。采自江西省湖口县和鄱阳县。

主要形态特征：背鳍 iii，7；臀鳍 iii，6；胸鳍 i，14 ~ 17；腹鳍 i，7。侧线鳞 40 ~ 42。体长侧扁。腹部圆，无腹棱。头较小，吻短而圆钝。口下位，呈马蹄形。下颌前缘具发达的角质。口角须 1 对。侧线完全，较平直。背鳍无硬刺末根不分枝。体灰黑色，腹部灰白色。体侧有 4 条垂直的宽黑色横纹。各鳍灰黑色，在鳍的外缘颜色变淡。

生态习性：主要以底栖动物、藻类和植物碎屑为食，栖息于江河湖泊的水体中下层。生殖期雄鱼吻部出现珠星，雌鱼产卵管延长。

保护现状：无危 (LC)。

经济意义：小型鱼类，食用价值和经济价值均较低。

52. 蛇鮈

Saurogobio dabryi Bleeker，1871

骨骼三维模型

鲤科 Cyprinidae

地方名：船钉子、白杨鱼、打船钉、棺材钉、沙锥

野外调查：标本 112 尾，全长 6.9 ~ 25.0 cm，体重 2.4 ~ 77.6 g。采自江西省庐山市、湖口县、都昌县、鄱阳县、永修县吴城镇、余干县瑞洪镇和南矶山自然保护区。

主要形态特征：背鳍 iii，8；臀鳍 iii，6；胸鳍 i，13 ~ 15；腹鳍 i，7。侧线鳞 47 ~ 49。体细长，前部呈圆筒形，背部稍隆起，腹部略平坦，尾柄稍侧扁，无腹棱。头较长，呈锥形。吻突出。口下位，呈马蹄形。下唇发达，具有显著的乳突，后缘游离。口角须 1 对。体被较小圆鳞，胸鳍基部前裸露无鳞。侧线完全。背鳍无硬刺；尾鳍分叉，上下叶等长。侧线完整且平直。体背部青灰色，腹部灰白色。体上半部每个鳞片边缘黑色。体侧中轴有 1 条浅黑色纵带，其上有 9 ~ 11 个黑斑。胸鳍、腹鳍及鳃盖边缘为浅黄色。

生态习性：中小型鱼类，栖息于水域的中下层，主要摄食底栖动物和浮游动物等。

保护现状：无危 (LC)。

经济意义：个体数量多，具一定的经济价值。

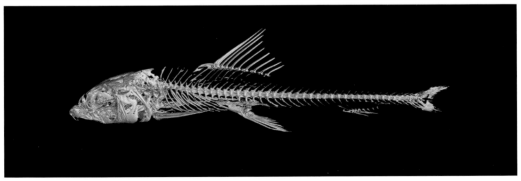

53. 光唇蛇鮈

Saurogobio gymnocheilus Lo，Yao & Chen，1998

鲤科 Cyprinidae

鲤
形
目
Cypriniformes

地方名：白杨鱼、钉公子、船钉子

野外调查：标本 2 尾，全长 9.2 ~ 10.5 cm，体重 7.5 ~ 7.7 g。来自江西省水产科学研究所标本室。

主要形态特征：背鳍 iii，7；臀鳍 iii，6；胸鳍 i，13 ~ 15，腹鳍 i，7。侧线鳞 42 ~ 44。体细长，呈圆柱形，后部稍侧扁。腹平圆，无腹棱。头稍长，呈锥形。口下位，略呈马蹄形。唇薄，无明显乳突。口角有短须 1 对。侧线完全且平直。背鳍和臀鳍无硬刺。背部浅黄褐色，腹部为白色。体侧中央沿侧线有 1 条暗色纵纹，其上有10 ~ 12 个黑斑。背鳍和尾鳍浅灰色，其余鳍灰白色。

生态习性：底栖性小型鱼类，主要摄食底栖无脊椎动物。产浮性卵。

保护现状：无危 (LC)。

经济意义：生长较慢，可供食用。产量少，经济价值较低。

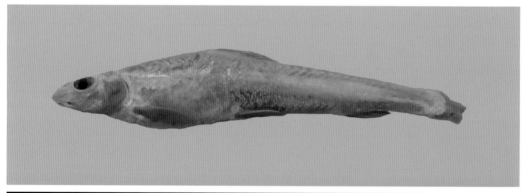

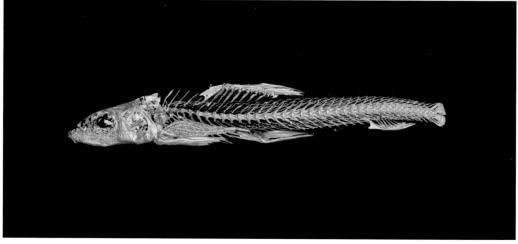

54. 大眼华鳊

Sinibrama macrops (Günther，1868)

骨骼三维模型

鲤科 Cyprinidae

地方名：圆眼、大眼睛、圆眼鳊

野外调查：标本 3 尾，全长 15.7 ～ 17.2 cm，体重 51.0 ～ 73.3 g。来自江西省水产科学研究所标本室。

主要形态特征：背鳍 iii，7；臀鳍 iii，21 ～ 25；胸鳍 i，15 ～ 16；腹鳍 i，8。侧线鳞 54 ～ 60；侧线上鳞 9 ～ 11，侧线下鳞 5 ～ 6。体侧扁。头小。吻短且钝。口端位。眼大。鳞片中等大，侧线完全，前部略弧形，后延伸至尾柄中央。自腹鳍基部至肛门有腹棱。背鳍具硬刺；尾鳍分叉，末端尖，上下叶近等长。体背部灰色，腹部灰白色。鳃盖上方至尾鳍基部有 1 条灰黑色条纹。沿侧线上下方的鳞片具暗色斑点。背鳍和尾鳍偏灰色。

生态习性：小型杂食性鱼类，栖息于江河湖泊等水域缓流处

保护现状：无危 (LC)。

经济意义：可食用，产量较高，营养价值较高，具一定的经济价值。

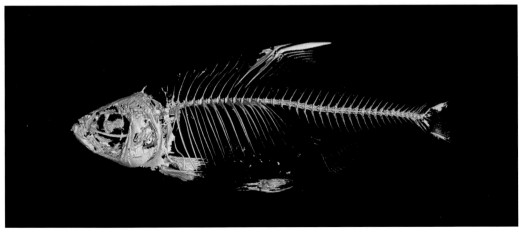

55. 光倒刺鲃

Spinibarbus hollandi Oshima，1919

鲤科 Cyprinidae

鲤形目 Cypriniformes

地方名：青棍、军鱼

野外调查：标本 1 尾，全长 18.9 cm，体重 72.4 g。来自江西省水产科学研究所标本室。

主要形态特征：背鳍 iii，9；臀鳍 iii，5；胸鳍 i，15；腹鳍 i，8。侧线鳞 23。体延长，前部近圆筒形，后部侧扁，腹圆无棱。口亚下位，呈马蹄形。须 2 对，较发达。侧线完全。背鳍及臀鳍基具鳞鞘，腹鳍基外侧具有狭长且大的腋鳞。背鳍基部前有一倒刺，末根不分枝鳍条为软条。尾鳍叉形。背部黑褐色，腹部灰白色，体侧多数鳞片边缘黑色素比较显著。背鳍外缘有一狭长的黑带，腹鳍和臀鳍橙红色。

生态习性：偏肉食性的杂食性鱼类，喜水质清澈、砾石底的河段，栖息于江河湖泊的中下层。产黏性卵。

保护现状：无危 (LC)。

经济意义：味美，营养价值高，经济价值较高。

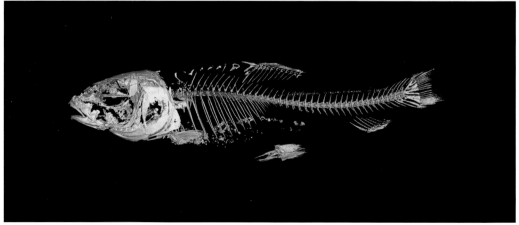

56. 银鮈

Squalidus argentatus (Sauvage & Dabry de Thiersant，1874)

骨骼三维模型

鲤科 Cyprinidae

地方名：亮壳、亮幌子、白头明鱼、雷猴、硬习棒

野外调查：标本 8 尾，全长 6.9 ~ 10.6 cm，体重 2.6 ~ 14.1 g。采自江西省庐山市、鄱阳县和余干县瑞洪镇。

主要形态特征：背鳍 iii，7；臀鳍 iii，6；胸鳍 i，14 ~ 16；腹鳍 i，7 ~ 8。侧线鳞 39 ~ 42。体细长，腹部圆，无腹棱。吻稍尖。口亚下位，上下颌无角质边缘。口角须 1 对。体被中大圆鳞，胸腹部被鳞。侧线完全，较平直。背鳍和臀鳍无硬刺。背部银灰，体侧中轴有银灰色的条纹。背、尾鳍均呈灰色。

生态习性：中下层小型鱼类，主要摄食水生昆虫、藻类和水生高等植物等。

保护现状：无危 (LC)。

经济意义：个体小，经济价值较低。

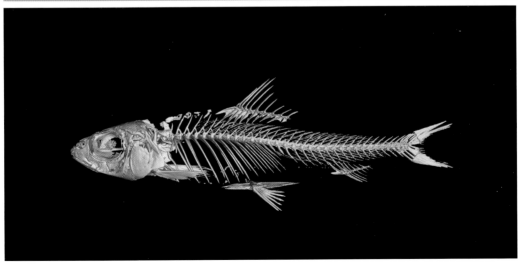

57. 点纹银鮈

Squalidus wolterstorffi (Regan，1908)

骨骼三维模型

鲤科 Cyprinidae

野外调查：标本 10 尾，全长 7.1～13.8 cm，体重 3.1～24.5 g。来自江西省水产科学研究所标本室。

主要形态特征：背鳍 iii，7；臀鳍 iii，6；胸鳍 i，13～15；腹鳍 i，7。侧线鳞 33～35。体长，头后背部隆起，腹部稍圆，无腹棱。吻短，近锥形。口亚下位，上下颌无角质边缘。须 1 对，较长。侧线完全，较平直。胸鳍末端尖，后伸不达腹鳍起点。尾鳍分叉较深，上下叶等长。体银灰色，腹部灰白色。体侧中轴上方有 1 黑色条纹，含 1 列暗斑。侧线鳞具黑点，被侧线分成横八字形。背鳍和尾鳍颜色较深。

生态习性：小型鱼类，生活于水体底层。

保护现状：无危 (LC)。

经济意义：数量少，经济价值低。

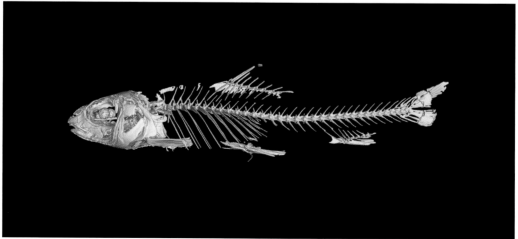

58. 赤眼鳟

Squaliobarbus curriculus (Richardson，1846)

骨骼三维模型

鲤科 Cyprinidae

地方名：红眼鱼、参鱼、红眼草鱼、野草鱼

野外调查：标本 3 尾，全长 15.6 ~ 36.4 cm，体重 30.0 ~ 509.0 g。采自江西省都昌县、永修县吴城镇和余干县瑞洪镇。

主要形态特征：背鳍 iii, 7；臀鳍 iii, 8 ~ 9；胸鳍 i, 14 ~ 16；腹鳍 ii, 8。侧线鳞 41 ~ 47。体延长，躯干前部略呈圆柱状，尾部稍扁。吻钝。口端位，口裂宽，呈弧形。口角须 2 对，短小。侧线完全。背鳍无硬刺；尾鳍深分叉；肛门紧靠臀鳍起点。背部灰黄带青绿色，体侧稍带银白色。眼的上侧有 1 块红斑。体侧鳞片基部有黑色斑块，组成数列条纹。腹部灰白色。背鳍和尾鳍深灰色，尾鳍有 1 条黑色边缘。

生态习性：杂食性中下层鱼类，主要摄食藻类和水生高等植物等。栖息于河流中下游广阔的水域及湖泊、内河中。有江湖洄游习性。

保护现状：无危 (LC)。

经济意义：普通食用鱼类，生长缓慢，具有一定的经济价值。

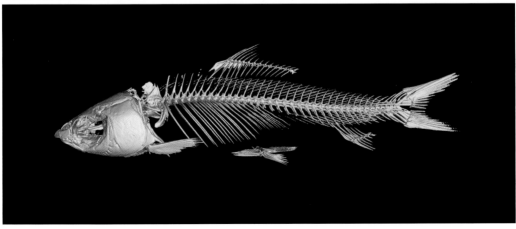

59. 似鳊

Toxabramis swinhonis Günther，1873

骨骼三维模型

鲤科 Cyprinidae

地方名：薄鳘、游击子、游刁子

野外调查：标本 92 尾，全长 8.0 ~ 12.4 cm，体重 2.8 ~ 8.4 g。采自江西省鄱阳县、永修县吴城镇和南矶山自然保护区。

主要形态特征：背鳍 iii, 7；臀鳍 iii, 16 ~ 19；胸鳍 i, 11 ~ 12；腹鳍 i, 7。侧线鳞 54 ~ 66；侧线上鳞 9 ~ 10，侧线下鳞 2。体长、极扁薄。背部略平直，腹缘呈弧形。腹棱完全，自胸鳍基部直到肛门。头侧扁。口端位，口裂斜。侧线完全，在胸鳍上方急剧向下弯折，然后沿腹侧行至臀鳍基部后端，又向上弯折至尾柄中线，直达尾鳍基部。背鳍硬刺后缘具锯齿。体背部灰褐色，侧部和腹部银白色。尾鳍灰黑色，其余各鳍浅灰色。固定标本体侧自头后至尾鳍基部常具 1 条暗色纵纹。

生态习性：杂食性的小型鱼类，一般栖息于江河湖泊水体的中上层，在深水区越冬。性活泼，游泳迅速，喜集群于静水或缓流之处。无洄游习性。

保护现状：无危 (LC)。

经济意义：个体小，产量低，经济价值较低。

60. 银鲴

Xenocypris macrolepis Bleeker，1871

鲤科 Cyprinidae

地方名：银鲹、刁子、水鱼密子、白尾、密鲴

野外调查：标本 37 尾，全长 12.3 ~ 26.3 cm，体重 14.9 ~ 163.7 g。采自江西省庐山市、湖口县、都昌县、永修县吴城镇、余干县瑞洪镇。

主要形态特征：背鳍 iii，7；臀鳍 iii，8 ~ 10；胸鳍 i，15 ~ 16；腹鳍 i，8 ~ 9。侧线鳞 57 ~ 64；侧线上鳞 9 ~ 11，侧线下鳞 5 ~ 6。体侧扁延长，腹部圆。腹部无腹棱，或仅在肛门前有 1 段不明显的腹棱。口小，下位，下颌具角质边缘。无须。体被小圆鳞。侧线完全。背鳍具光滑硬刺；腹鳍基部有 1 ~ 2 片长形腋鳞；尾鳍深分叉。体背青灰色，腹部银白色。鳃盖后缘有橘黄色斑块。胸鳍、腹鳍和臀鳍基部呈淡黄色，背鳍和尾鳍深灰色。

生态习性：底栖性鱼类。栖息于江河湖泊等流速平缓的水域中。常以下颌前端的角质边缘刮食岩石上的附生藻类和高等植物碎屑。产漂浮性卵。无洄游习性。

保护现状：无危 (LC)。

经济意义：常见的中小型食用鱼类，可作为混养对象，具一定的经济价值。

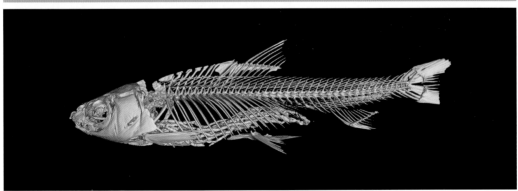

61. 黄尾鲴

Xenocypris davidi Bleeker，1871

骨骼二维模型

鲤科 Cyprinidae

地方名：黄尾、黄片、黄姑子、黄尾刁

野外调查：标本 57 尾，全长 12.0 ~ 37.1 cm，体重 15.4 ~ 559.5 g。采自江西省都昌县、鄱阳县、庐山市星子镇、永修县瑞洪镇和南矶山自然保护区。

主要形态特征：背鳍 iii，7；臀鳍 iii，9 ~ 11；胸鳍 i，15 ~ 16；腹鳍 i，8。侧线鳞 63 ~ 68；侧线上鳞 10 ~ 11，侧线下鳞 5 ~ 6。体长而侧扁。口下位，下颌具发达的角质边缘。腹部在肛门前方有不明显的腹棱。侧线完全。背鳍有一光滑硬刺；腹鳍基部两侧具 1 ~ 2 枚长形腋鳞。体背部灰黑色，腹部银白色。鳃盖后缘有一浅黄色斑块，尾鳍呈黄色。

生态习性：栖息于江河湖泊的中下层。主要摄食藻类和高等植物碎屑。生殖期间雄鱼胸鳍出现珠星，产黏性卵。无洄游习性。

保护现状：无危 (LC)。

经济意义：常见的中小型食用鱼类，具一定的经济价值。

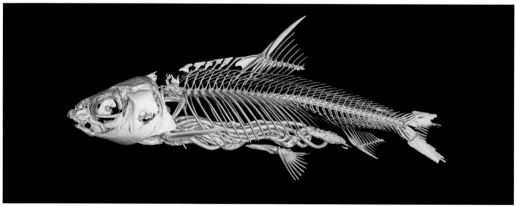

62. 宽鳍鱲

Zacco platypus (Temminck & Schlegel，1846)

骨骼三维模型

鲤科 Cyprinidae

地方名：鱲鱼、红师魮、桃花鱼、双尾鱼、红车公、七色鱼、白糯鱼、快鱼

野外调查：标本 2 尾，全长 10.2 ~ 11.6 cm，体重 10.6 ~ 17.6 g。来自江西省水产科学研究所标本室。

主要形态特征：背鳍 iii，7；胸鳍 i，13 ~ 14；腹鳍 i，8；臀鳍 iii，9 ~ 10。侧线鳞 40 ~ 49；侧线上鳞 7 ~ 9，侧线下鳞 2 ~ 3。体稍长，侧扁，腹部较圆。头短，吻钝。口端位，口裂向下倾斜。侧线完全。背鳍无硬刺；胸鳍长，末端尖；腹鳍末端可达肛门；尾鳍叉形，下叶稍长。生活时体色非常鲜艳，背部灰黑，腹部银白，体两侧有 10 多条垂直的蓝色条纹，条纹间有许多不规则的粉红色斑点。雄鱼性成熟时，头部和臀鳍处出现珠星。甲醛浸泡标本红色消失，蓝色变黑。

生态习性：杂食性鱼类，喜栖息于水流湍急的溪中或浅滩上，溪流性鱼类。

保护现状：无危 (LC)。

经济意义：含脂量高，为普通食用杂鱼之一，具一定的经济价值。

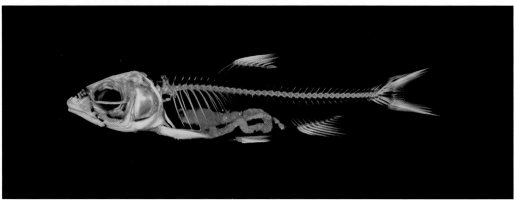

63. 胭脂鱼

Myxocyprinus asiaticus (Bleeker，1864)

亚口鱼科 Catostomidae

地方名：火烧鳊、黄排、紫鳊鱼

野外调查：标本 3 尾，全长 33.5 ~ 87.0 cm，体重 485.0 ~ 6 750.0 g。采自江西省湖口县、都昌县、余干县瑞洪镇。

主要形态特征：背鳍 iii，50 ~ 57；臀鳍 iii，10 ~ 11；胸鳍 i，15 ~ 17；腹鳍 i，10。侧线鳞 48 ~ 53；侧线上鳞 11 ~ 12，侧线下鳞 8。体高侧扁，背部显著隆起。头短，吻圆钝。口下位，呈马蹄状。无须。唇厚，上下唇均具细小的乳突。侧线完全。背鳍无硬刺。体色随生长而变化，幼鱼体侧有 3 条黑褐色横纹，背鳍、胸鳍、臀鳍和腹鳍略呈淡红色，并伴有黑色斑点。雄性成鱼体色粉红，雌性个体则略带青紫色，在鱼体两侧有 1 条较宽的猩红色条斑，从吻端直达尾鳍基。胭脂鱼在不同的生长阶段，其部分形态性状变化较大。

生态习性：主要摄食底栖无脊椎动物，栖息于长江干流、支流及其附属湖泊，生活于水体中下层。

保护现状：极危 (CR)。

经济意义：肉细嫩鲜美，鱼刺较少，营养价值高，是长江上游重要经济鱼类之一，也是我国特有的淡水珍稀物种。目前天然水域中产量低。

鲤形目 Cypriniformes

64. 大斑花鳅

Cobitis macrostigma Dabry de Thiersant，1872

骨骼三维模型

鳅科 Cobitidae

地方名：花泥鳅

野外调查：标本 5 尾，全长 10.5 ~ 15.0 cm，体重 6.2 ~ 14.0 g。采自江西省庐山市、湖口县、都昌县、余干县瑞洪镇。

主要形态特征：背鳍 iii，7；臀鳍 iii，5。体细长，尾柄侧扁。口亚下位。须 4 对。眼下方有一叉状细刺，埋于皮内。背鳍无硬刺；胸鳍圆扇形；尾鳍截形。头部有不规则的褐色斑点，吻端至眼前缘有一黑色斑纹。背部具 12 ~ 13 个褐色斑点；体侧具许多不规则斑纹，从鳃盖后缘至尾鳍基部有 6 ~ 9 个较大的褐色斑点；尾鳍基部上方有 1 个黑色斑点。背鳍和尾鳍各有 3 列斑纹。

生态习性：底栖鱼类，主要摄食底栖无脊椎动物和藻类。

保护现状：无危 (LC)。

经济意义：个体小，数量不多，经济价值低。

鲤形目 Cypriniformes

65. 中华花鳅

Cobitis sinensis Sauvage & Dabry de Thiersant，1874

骨骼二维模型

鳅科 Cobitidae

地方名：中华鳅、花鳅、山石猴、花泥鳅

野外调查：标本 3 尾，全长 12.0 ～ 15.2 cm，体重 6.7 ～ 11.7 g。采自江西省庐山市。

主要形态特征：背鳍 iii，7；臀鳍 ii，5；胸鳍 i，8 ～ 9；腹鳍 i，5 ～ 6。体长，侧扁。头侧扁。口下位。须 3 对，其中吻须 2 对，口角须 1 对。眼下刺分叉。侧线不完全，仅在鳃盖后缘至胸鳍中部上方之间。尾鳍截形。体被细鳞，颊部无鳞。体色棕黄，沿体侧中线具 10 ～ 15 个棕黑色斑点，背部中线具 12 ～ 19 个马鞍形棕黑色斑点。头背部和颊部具不规则斑纹。吻端至眼前缘具 1 条黑色条纹。尾鳍基上侧具一明显黑斑。背鳍和尾鳍具 3 ～ 5 列斜行条纹。

生态习性：小型底栖鱼类，生活于江河溪流的水流缓慢处，底质为沙石或泥沙，水质要求清澈。主要摄食底栖无脊椎动物和藻类。分批产卵。

保护现状：无危 (LC)。

经济意义：个体较小，可观赏，经济价值低。

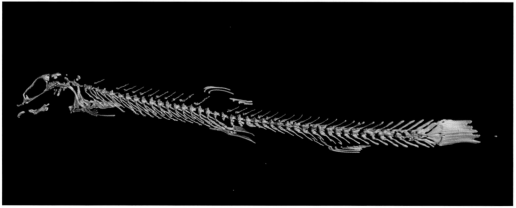

66. 薄鳅

Leptobotia pellegrini Fang，1936

鳅科 Cobitidae

地方名：火军鱼、泥板鳅、石头沙鳅、河沙钻

野外调查：标本 7 尾，全长 7.7 ～ 10.2 cm，体重 3.0 ～ 8.1 g。来自江西省水产科学研究所标本室。

主要形态特征：背鳍 iii，8；臀鳍 ii，5；胸鳍 i，12 ～ 13；腹鳍 i，7。体长，稍侧扁。口下位。须 3 对，吻须 2 对；口角须 1 对，末端伸达眼前缘或眼中央。侧线完全，平直。颊部有鳞。背鳍无硬刺，最长背鳍条小于头长；腹鳍末端达到或超过肛门；尾鳍分叉。背部浅紫色，腹部浅黄色。背部有 6 ～ 9 条马鞍形的暗黑色垂直条纹，延伸至体侧下部，第 1 条条纹延伸至吻端和头侧上部。背鳍基有 1 条紫黑色条纹；尾鳍有 1 ～ 2 条暗黑色斜行条纹。浸泡标本体背灰黄色，体侧浅黄色。

生态习性：小型底栖鱼类，栖息于江河缓流水域中，常在沙砾石或石缝中游动，喜群居。主要摄食水生昆虫等。

保护现状：无危 (LC)。

经济意义：个体较小，数量较少，经济价值低。

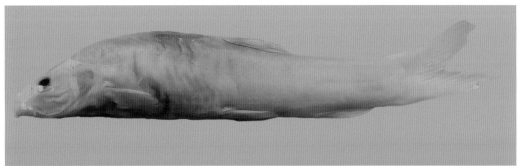

67. 泥鳅

Misgurnus anguillicaudatus (Cantor，1842)

骨骼三维模型

鳅科 Cobitidae

地方名：泥鳅、鳅、鳅鱼

野外调查：标本 8 尾，全长 6.9 ~ 12.5 cm，体重 1.9 ~ 11.1 g。采自江西省湖口县、鄱阳县、永修县吴城镇、余干县瑞洪镇和南矶山自然保护区。

主要形态特征：背鳍 iii，7 ~ 8；臀鳍 iii，5 ~ 6；胸鳍 i，7 ~ 9；腹鳍 i，5 ~ 6。体长，前部呈圆柱状，尾部侧扁。头较小，吻尖。口下位。眼小，侧上位。须 5 条，包括 2 对吻须，1 对颌须和 2 对颏须。鳃盖膜连于颊部。体被无明显细鳞，头部无鳞。体表多黏液。侧线不完全。背鳍和臀鳍末根不分枝鳍条柔软；胸鳍小，下侧位；尾鳍后缘圆弧形。尾柄上下有较发达的皮褶。背部深灰色或褐色，散布有不规则的深褐色斑点。背鳍、尾鳍和臀鳍有较密的深褐色斑点，尾鳍基部上侧有一黑斑。

生态习性：杂食性小型底层鱼类，喜栖息于静水水体且富含植物碎屑等有机质的淤泥中，对环境的适应能力强。

保护现状：无危 (LC)。

经济意义：肉质优良，可养殖，营养价值和经济价值高。

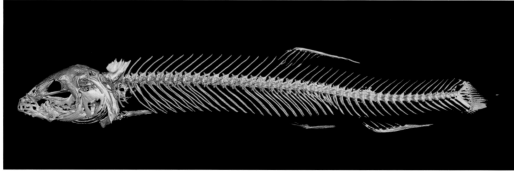

68. 武昌副沙鳅

Parabotia banarescui (Nalbant，1965)

鳅科 Cobitidae

地方名：沙鳅

野外调查：标本 2 尾，全长 15.9 ～ 18.6 cm，体重 39.9 ～ 55.0 g。来自江西省水产科学研究所标本室。

主要形态特征：背鳍 iii，9；胸鳍 i，11；腹鳍 i，6；臀鳍 iii，5。体延长，侧扁。吻长而突出。口下位。须 3 对，吻须 2 对，颌须 1 对，颌须后伸不过眼前缘。体和头颊部被小鳞，鳞隐于皮下。侧线完全，平直。背鳍末根鳍条柔软；胸鳍小，下侧位；尾鳍深分叉，上下叶等长。体背褐色，腹部浅黄色。体侧具 15 ～ 16 条深褐色横带，头背面和吻端至眼前缘各有 1 对灰黑色纵纹。尾鳍基中间具一黑色斑块，尾鳍约有 7 条黑色斜纹。背鳍上具 4 列黑色小点，排列成条纹。

生态习性：喜栖息于流水环境，主要摄食底栖动物。

保护现状：无危 (LC)。

经济意义：小型鱼类，数量少，经济价值低。

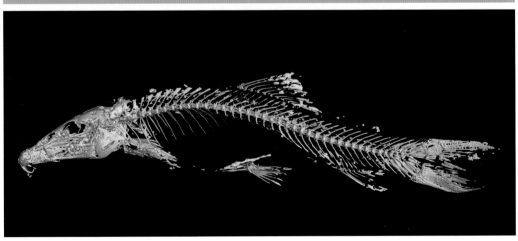

69. 花斑副沙鳅

Parabotia fasciatus Dabry de Thiersant，1872

骨骼三维模型

鳅科 Cobitidae

地方名：黄沙鳅、黄鳅、沙鳅、花间刀、蕉子鱼

野外调查：标本 7 尾，全长 6.0 ～ 10.3 cm，体重 2.0 ～ 4.9 g。采自江西省湖口县、都昌县、鄱阳县、永修县吴城镇和余干县瑞洪镇。

主要形态特征：背鳍 iii，9；臀鳍 iii，5；胸鳍 i，11 ～ 13；腹鳍 i，6 ～ 7。体延长，稍侧扁。吻尖。口下位。须 3 对，其中吻须 2 对，颌须 1 对，颌须后伸可达眼前缘或眼中央。体和头颊部被小鳞，鳞隐于皮下。侧线完全，平直。背鳍和臀鳍无硬刺；胸鳍小，下侧位；尾鳍深分叉，上下叶等长，末端尖。体呈黄褐色。头后方有褐色横斑条纹。体侧由鳃盖后缘至尾鳍基部具 12 ～ 15 条横跨背部的垂直褐色条纹，纹宽与间隔几乎相等。尾鳍基部有一深褐色斑点。背鳍、尾鳍有多行褐色斑点组成的条纹。

生态习性：底栖鱼类，喜栖息于流水环境，白天潜入砂质土中或隐身于石踪间隙中，晚间出来活动。主要摄食水生昆虫和藻类。产漂流性卵。

保护现状：无危 (LC)。

经济意义：中国特有种，个体小，可作观赏鱼类，具一定的经济价值。

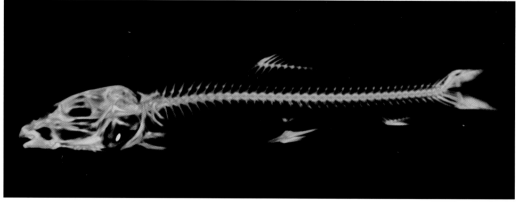

70. 大鳞副泥鳅

Paramisgurnus dabryanus **Dabry de Thiersant，1872**

鳅科 Cobitidae

地方名：大鳞泥鳅、板鳅、大泥鳅

野外调查：标本 2 尾，全长 12.4 ~ 14.4 cm，体重 15.9 ~ 25.2 g。采自江西省湖口县。

主要形态特征：背鳍 iii，6 ~ 7；臀鳍 iii，5 ~ 6；胸鳍 i，9 ~ 11；腹鳍 i，5 ~ 6。体长，侧扁，前部较宽，尾柄上下侧皮褶棱较发达。口亚下位。须 5 对，包括 2 对吻须，1 对颌须和 2 对颐须。颌须最长，后伸可达鳃盖。体被小圆鳞，体表多黏液。侧线不完全。背鳍小，边缘圆弧形；胸鳍下侧位；尾鳍末端圆弧形。体灰褐色，腹部浅黄色。头及体上散布许多不规则斑点。背鳍和尾鳍各有数列不连续的斑点。

生态习性：杂食性底栖鱼类，常见于底泥较深的池塘、稻田、水沟等缓流水域。该种除了鳃呼吸，还可以进行皮肤呼吸和肠呼吸。一般多为夜间摄食。多次产卵。

保护现状：无危 (LC)。

经济意义：肉质优良，可养殖，营养丰富，经济价值较高。

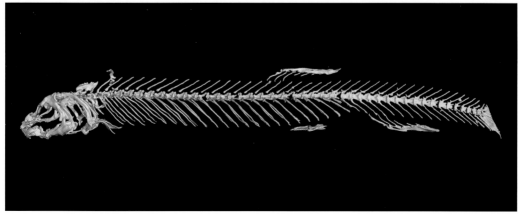

71. 白缘䱀

Liobagrus marginatus (Günther，1892)

骨骼三维模型

钝头鮠科 Amblycipitidae

地方名：米汤粉

野外调查：标本 2 尾，全长 8.1 ~ 8.6 cm，体重 3.4 ~ 3.9 g。来自江西省水产科学研究所标本室。

主要形态特征：背鳍 I，6 ~ 8；臀鳍 iv，10 ~ 13；胸鳍 I，7 ~ 8；腹鳍 i，5。体长，前部较圆，肛门后逐渐侧扁。口端位，口裂宽大。须 4 对；1 对颌须；2 对颏须；1 对鼻须。体光滑无鳞。无侧线。背鳍短小；胸鳍略圆。背鳍和胸鳍各具一枚光滑短刺。脂鳍低长，与尾鳍间有一明显缺刻。尾鳍圆形。体背部灰黄色，腹部灰白色。各鳍浅灰色，尾鳍末端外缘白色。

生态习性：小型鱼类，底栖肉食性鱼类，喜冷水性环境。

保护现状：易危 (VU)。

经济意义：肉味美，营养丰富，具一定的经济价值。目前天然水域中产量低。

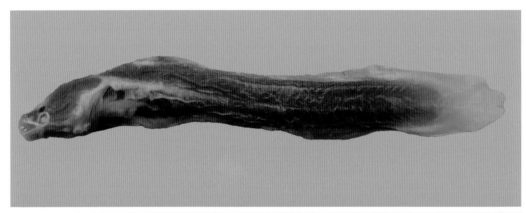

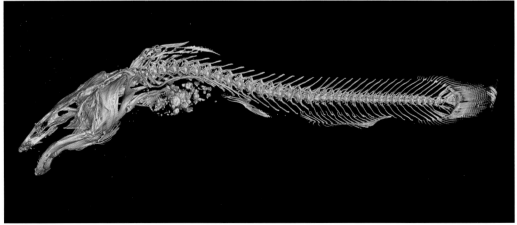

72. 中华纹胸鲱

Glyptothorax sinensis (Regan，1908)

骨骼三维模型

鲱科 Sisoridae

地方名：中华鳆、石黄姑、刺格巴

野外调查：标本 3 尾，全长 5.7 ~ 7.0 cm，体重 2.3 ~ 4.9 g。来自江西省水产科学研究所标本室。

主要形态特征：背鳍 II，6；臀鳍 ii ~ iii，7 ~ 9；胸鳍 I，8 ~ 9；腹鳍 i，5。体细长，背部隆起，头后部略侧扁。吻扁钝。口下位。须 4 对；1 对颌须；2 对颏须；1 对鼻须。体裸露无鳞。侧线完全。背鳍刺粗短；脂鳍小，末端稍游离；胸鳍具硬刺，后缘具锯齿；尾鳍深分叉，末端尖。胸部形成胸吸着器，皱褶斜向略呈心形。体背棕黄色，腹部白色。背鳍和脂鳍处各有一黑色斑块。各鳍均有黑灰色条纹，尾鳍有黑色斑点。脂鳍黄褐色，末端呈白色。

生态习性：底栖小型鱼类，常喜栖息于急流石滩上，可适应不同的生态环境。产黏性卵。

保护现状：无危 (LC)。

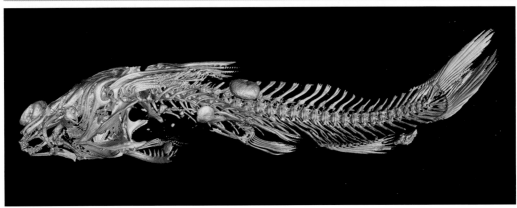

73. 鲇

Silurus asotus Linnaeus，1758

骨骼三维模型

鲇科 Siluridae

地方名：土鲇、胡子鲶、鲶鱼、念仔鱼、鲇胡子

野外调查：标本 41 尾，全长 15.2 ~ 141.0 cm，体重 36.6 ~ 20 300.0 g。采自江西省庐山市、湖口县、都昌县、鄱阳县、永修县吴城镇、余干县瑞洪镇和南矶山自然保护区。

主要形态特征：背鳍 4 ~ 5；臀鳍 75 ~ 86；胸鳍 I，9 ~ 13；腹鳍 i，12 ~ 13。体延长，前部粗壮，尾部侧扁。头短而扁。吻宽且纵扁。口亚上位。口裂呈弧形且浅。上、下颌具有弧形绒毛状齿带。眼小，侧上位。须 2 对，颌须较长，后伸可达胸鳍基部后端；颏须短。背鳍短小无硬刺；胸鳍呈圆形，侧下位，有发达的硬刺，其前缘具弱锯齿，后缘锯齿明显；尾鳍微凹，上下叶等长。体背部及两侧为深灰黑色，体侧具不规则的灰黑色斑块，腹部灰白色。各鳍色浅。

生态习性：肉食性底栖鱼类，栖息于江河湖泊和沟渠等水体中下层，喜在缓流和静水中生活。昼伏夜出。产黏性卵。

保护现状：无危 (LC)。

经济意义：肉鲜嫩，少刺，常见食用鱼类，经济价值较高。

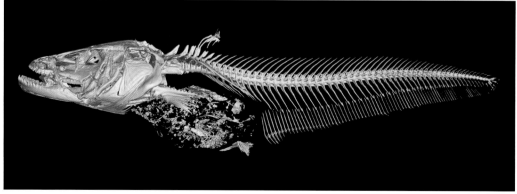

74. 胡鲇

Clarias fuscus (Lacepède，1803)

骨骼三维模型

胡鲇科 Clariidae

地方名：塘虱、过山鳅

野外调查：标本 4 尾，全长 15.0 ～ 22.4 cm，体重 32.7 ～ 102.9 g。来自江西省水产科学研究所标本室。

主要形态特征：背鳍 55 ～ 67；胸鳍Ⅰ，6 ～ 9；腹鳍 i，5；臀鳍 i，43 ～ 51。体延长，背鳍起点之前渐平扁，后部稍侧扁。头较宽而扁，头背及两侧具有骨板，其上覆盖有皮肤。吻圆钝而宽。口亚下位。须 4 对，包括 1 对颌须，1 对鼻须，2 对颏须。其中颌须最长，后伸可达或超过胸鳍基部。体光滑无鳞。侧线完全，较平直。背鳍无硬刺；胸鳍圆形，不分枝鳍条为硬刺，后缘锯齿明显。尾鳍呈扇形。体背部棕黑色，腹部灰白色。各鳍灰黑色。

生态习性：肉食性底层鱼类，常栖息于水草丛生的江河、池塘、沟渠、沼泽等水域中。喜群居。有筑巢产卵的习惯。

保护现状：无危 (LC)。

经济意义：肉细嫩，营养丰富，可养殖，经济价值较高。

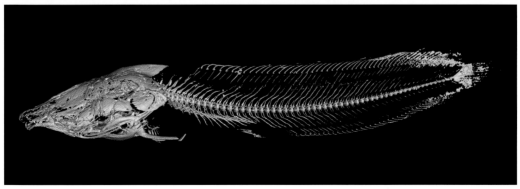

75. 大鳍鳠

Hemibagrus macropterus Bleeker，1870

鳠科 Bagridae

地方名：江鼠、牛尾巴、罐巴子、石扁头、挨打头

野外调查：标本 6 尾，全长 11.0 ～ 16.2 cm，体重 20.0 ～ 40.0 g。采自江西省庐山市和湖口县。

主要形态特征：背鳍 II，7；臀鳍 ii，10 ～ 11；胸鳍 I，8 ～ 10；腹鳍 i，5。体延长，前部略纵扁，后部侧扁。头顶被皮膜。口亚下位，口裂呈弧形。上下颌均具有绒毛状细齿，排列成带状。须 4 对；1 对颌须，很长，后伸可达腹鳍基部；2 对颏须；1 对鼻须。体裸露无鳞，皮肤光滑。侧线完全。背鳍硬棘前后缘均光滑；胸鳍下侧位，具粗壮硬棘，其前缘具细齿，后缘具强锯齿；脂鳍低长，末端不游离；尾鳍深分叉，上叶略长，末端圆钝。体呈灰黑色，背部暗黑，腹部灰白。体侧和鳍散布暗色小斑点，各鳍灰色。

生态习性：中型底层鱼类，肉食性。多栖息于水流湍急、底质为砾石的江段中。分批产卵，产黏性卵。

保护现状：无危 (LC)。

经济意义：肉质细嫩，味道鲜美，有一定的经济价值。

76. 粗唇鮠

Pseudobagrus crassilabris (Günther，1864)

骨骼三维模型

鲿科 Bagridae

地方名：黄卡、黄姑鲢、鸟嘴肥、黄腊丁

野外调查：标本 37 尾，全长 15.6 ～ 44.0 cm，体重 35.6 ～ 807.7 g。采自江西省庐山市、湖口县、都昌县、鄱阳县、永修县吴城镇、余干县瑞洪镇。

主要形态特征：背鳍Ⅱ，6 ～ 7；臀鳍 iii ～ iv，13 ～ 14；胸鳍Ⅰ，8；腹鳍 i，5 ～ 6。体前部粗壮，后部侧扁，背鳍起点处体最高。头钝，侧扁，头顶被皮膜。吻圆钝突出，略呈锥形。口下位。上、下颌及腭骨均具绒毛状齿，形成齿带。须 4 对，均较短；1 对颌须，最长，后伸可超过眼；2 对颏须；1 对鼻须。体被无鳞，皮肤光滑。侧线完全，平直延伸至尾基中央。背鳍具硬棘，前缘光滑，后缘具弱锯齿；脂鳍低长，末端游离；胸鳍下侧位，硬刺前缘光滑，后缘有较粗锯齿；尾鳍深叉形，两叶对称。背侧灰褐色，腹部浅黄色。各鳍灰黑色。

生态习性：肉食性小型鱼类，常栖息于江河湖泊等大水面水域，多夜间活动。产黏性卵。

保护现状：无危 (LC)。

经济意义：肉质细嫩，刺少味美，经济价值较高。

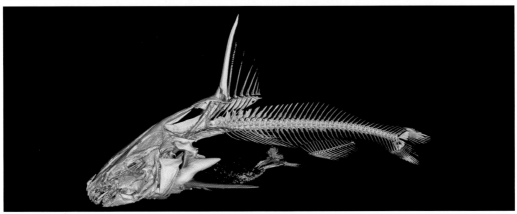

77. 长须黄颡鱼

Pelteobagrus eupogon (Boulenger，1892)

鲿科 Bagridae

地方名：江西黄姑、黄刺、黄腊丁

野外调查：标本 15 尾，全长 10.9 ~ 23.5 cm，体重 9.2 ~ 127.7 g。采自江西省庐山市、湖口县、都昌县、永修县吴城镇和余干县瑞洪镇。

主要形态特征：背鳍 II，6 ~ 7；臀鳍 ii ~ vi，15 ~ 20；胸鳍 I，6 ~ 7；腹鳍 i，5。体延长，前部稍粗壮，后部侧扁。头较小，背面光滑，有皮膜覆盖。口下位，口裂呈弧形。须 4 对；1 对颌须，最长，后伸可达胸鳍长的中部；2 对颏须，外侧 1 对须较长；1 对鼻须。裸露无鳞，皮肤光滑。侧线完全。背鳍具硬刺，前缘光滑，后缘具弱锯齿；脂鳍较短，后端游离；胸鳍侧下位，硬刺前缘具弱锯齿，后缘锯齿明显；尾鳍深分叉，上叶稍长，末端稍呈圆形。活体全身灰黄色，腹部颜色变浅。背侧有黑斑。各鳍灰黄色。

生态习性：肉食性底栖鱼类，在江河湖泊中较常见。昼伏夜出。

保护现状：无危 (LC)。

经济意义：小型鱼类，天然产量少，经济价值较低。

78. 黄颡鱼

Tachysurus fulvidraco (Richardson，1846)

骨骼三维模型

鲿科 Bagridae

地方名：黄颡、黄牙头、黄腊丁、黄拐头

野外调查：标本 96 尾，全长 10.4 ~ 23.7 cm，体重 6.0 ~ 136.8 g。采自江西省庐山市、湖口县、都昌县、鄱阳县、永修县吴城镇、余干县瑞洪镇和南矶山自然保护区。

主要形态特征：背鳍 II，6 ~ 8；臀鳍 iv ~ vii，14 ~ 17；胸鳍 I，6 ~ 7；腹鳍 i，5 ~ 6。体延长、前部粗壮，后部侧扁。头背大部分裸露。吻圆钝。口下位，口裂呈弧形。须 4 对；1 对颌须，向后伸可达或超过胸鳍基部；2 对颏须；1 对鼻须。体裸露无鳞，皮肤光滑。侧线完全，平直。背鳍具硬刺，前缘光滑，后缘有弱锯齿；胸鳍侧下位，具硬刺，刺后缘锯齿明显；脂鳍短，与臀鳍相对，后缘游离；尾鳍后缘深分叉，上下叶等长，末端圆。背部黑褐色，腹部浅黄色。沿侧线上下各有 1 条淡黄色纵纹。尾鳍基部至上下叶各有 1 条浅黑条纹。

生态习性：肉食性底栖性鱼类，多栖息于缓流、水草丛生的浅水区和河流处。成鱼有护卵习性，亲代抚育。产黏性卵。

保护现状：无危 (LC)。

经济意义：小型鱼类，分布广，数量多，可养殖，味美，营养价值和经济价值均很高。

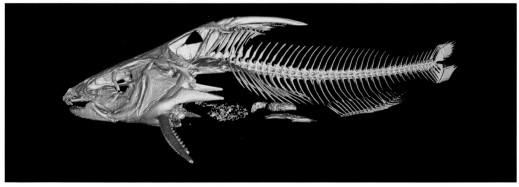

79. 光泽黄颡鱼

Tachysurus nitidus (Sauvage & Dabry de Thiersant，1874)

骨骼三维模型

鲿科 Bagridae

地方名：黄甲、黄刺头、油黄姑、黄腊丁

野外调查：标本 47 尾，全长 10.8 ~ 38.8 cm，体重 9.0 ~ 487.0 g。采自江西省庐山市、湖口县、都昌县、永修县吴城镇和余干县瑞洪镇。

主要形态特征：背鳍Ⅱ，6；臀鳍 ii，21 ~ 25；胸鳍Ⅰ，7 ~ 8；腹鳍 i，5 ~ 6。体延长，头部稍扁平，后体渐侧扁。头顶后部裸露。口下位，口裂呈浅弧形。上下颌及腭骨均具绒毛状细齿。须 4 对；1 对颌须，后伸不达胸鳍基部；2 对颏须；1 对鼻须。裸露无鳞，皮肤光滑。侧线完全。背鳍具骨质硬刺，前缘光滑，后缘锯齿细弱；脂鳍较肥厚；胸鳍下侧位，硬刺前缘光滑，后缘锯齿明显；尾鳍深分叉，上下叶等长。体灰黄色，体侧有黑褐色斑块，腹部黄白色。各鳍均为灰黑色。

生态习性：杂食性偏肉食性小型鱼类，多栖息于水系中上游支流沿岸浅水区域，生活于水体中下层。繁殖期雄鱼有护卵行为。

保护现状：无危 (LC)。

经济意义：分布较广泛，味美，营养丰富，经济价值较高。

80. 瓦氏黄颡鱼

Pseudobagrus vachellii (Richardson，1846)

骨骼三维模型

鲿科 Bagridae

地方名：江颡、硬角、黄腊丁

野外调查：标本4尾，全长15.7～33.3 cm，体重28.4～298.0 g。采自江西省湖口县和余干县瑞洪镇。

主要形态特征：背鳍Ⅱ，6～7；臀鳍ii～iv，17～23；胸鳍Ⅰ，7；腹鳍i，5～6。体延长，背稍有隆起，后部侧扁。头略短而纵扁，头顶光滑有皮膜覆盖。口下位，略呈弧形。上、下颌具绒毛状齿，形成弧形齿带。须4对；1对颌须，较长，后端可超过胸鳍基部；2对颏须；1对鼻须。裸露无鳞，皮肤光滑。侧线完全，平直。背鳍具骨质硬刺，其前缘光滑，后缘具弱锯齿；脂鳍短，后缘游离；臀鳍基长；胸鳍下侧位，硬刺前缘光滑，后缘具强锯齿；尾鳍深分叉，上下叶等长，末端圆。体背部灰褐色，体侧灰黄色，腹部浅黄。各鳍暗色，边缘略带灰黑色。尾鳍下叶边缘灰黑色。

生态习性：肉食性底栖鱼类，栖息于江河湖泊的缓流或静水区域。产黏性卵。

保护现状：无危 (LC)。

经济意义：小型鱼类，肉质细嫩，营养丰富，经济价值较高。

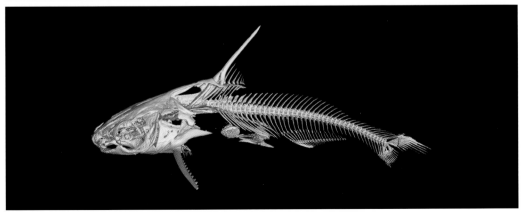

81. 白边拟鲿

Pseudobagrus albomarginatus (Rendahl，1928)

鲿科 Bagridae

地方名：长尾巴、黄头刺、别耳姑

野外调查：标本 10 尾，全长 11.7 ~ 28.3 cm，体重 15.4 ~ 121.4 g。采自江西省庐山市、湖口县、鄱阳县、永修县吴城镇、余干县瑞洪镇。

主要形态特征：背鳍Ⅱ，6 ~ 7；臀鳍 17 ~ 19；胸鳍Ⅰ，7 ~ 8；腹鳍 i，5。体延长，前部粗壮，后部侧扁，腹部圆。头较平扁，头顶光滑，有厚的皮膜覆盖。吻圆钝。口下位。须 4 对；1 对颌须，最长，后伸可超过眼后缘下方；2 对颏须；1 对鼻须。体裸露无鳞，皮肤光滑。侧线完全，较平直。背鳍较小，具 2 鳍棘；第一鳍棘短，埋于皮下；第二鳍棘较长，后缘有几枚弱锯齿；胸鳍具硬刺，前缘光滑，后缘锯齿明显；脂鳍后端圆凸，末端游离；尾鳍圆形。体背及两侧灰褐色，腹部灰白色。各鳍灰黑色，尾鳍边缘镶有明显的白边。

生态习性：肉食性底栖性鱼类，栖息于江河湖泊等水流较缓的水域中，一般分散潜伏于洞穴或岩石缝内，昼伏夜出。产沉性卵。

保护现状：无危 (LC)。

经济意义：味美，常见的食用鱼类，具有一定的经济价值。

82. 细体拟鲿

Pseudobagrus pratti (Günther，1892)

骨骼三维模型

鲿科 Bagridae

地方名：牛尾巴、黄腊丁

野外调查：标本 1 尾，全长 29.8 cm，体重 178.0 g。采自江西省庐山市。

主要形态特征：背鳍Ⅱ，7；臀鳍21；胸鳍Ⅰ，8；腹鳍 i，6。体细长，前部略粗圆，后部侧扁。头略纵扁，头顶覆盖皮肤。口下位，口裂略呈弧形。上、下颌具绒毛状细齿。须 4 对；1 对颌须，最长，后伸可超过眼；2 对颏须；1 对鼻须。背鳍短，其上骨质硬刺前后缘均光滑；脂鳍低长，末端游离；胸鳍下侧位，硬刺前缘光滑，后缘具强锯齿；尾鳍浅凹形，上下叶末端圆钝。体呈褐色，至腹部渐浅，无斑。背鳍、尾鳍末端灰黑。

生态习性：小型底栖鱼类，生活于江河湖泊沿岸缓流中，喜夜间活动。

保护现状：易危 (VU)。

经济意义：肉质细嫩，味美，营养价值高，具有一定的经济价值。目前天然水域产量低。

鲇形目 Siluriformes

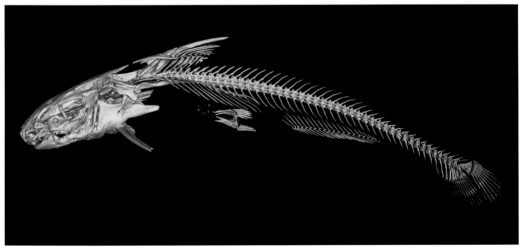

83. 大银鱼

Protosalanx chinensis (Basilewsky, 1855)

骨骼三维模型

银鱼科 Salangidae

地方名：银鱼、面条鱼、黄瓜鱼

野外调查：标本1尾，全长11.9 cm，体重2.3 g。来自江西省水产科学研究所标本室。

主要形态特征：背鳍ii，17；臀鳍iii，30；胸鳍25；腹鳍7。体延长，近圆筒形。头中大，平扁。吻尖，呈三角形。口亚上位。体无鳞，仅雄鱼臀鳍基部上方具1行鳞片。无侧线。胸鳍具发达的肌肉，雄性第一鳍条延长；脂鳍小，位于臀鳍后上方；尾鳍叉形。生活时体呈半透明，体侧上方和头背部密布小黑点。各鳍灰白色，边缘灰黑色。

生态习性：肉食性小型凶猛鱼类。有溯河洄游习性，洄游到湖泊的群体逐渐适应内湖环境，并能自然繁殖。多批产卵，产黏性卵。寿命短。

保护现状：数据缺乏 (DD)。

经济意义：可移殖，具有丰富的营养价值，经济价值高。

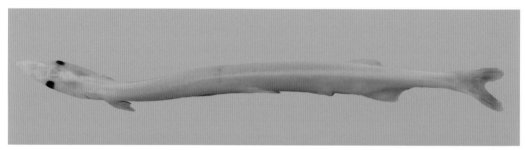

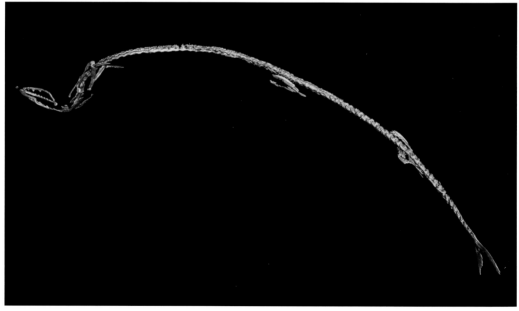

胡瓜鱼目 **Osmeriformes**

84. 鲻

Mugil cephalus Linnaeus，1758

鲻科 Mugilidae

地方名：鲻、白眼、博头、乌仔鱼、乌头、尖头鱼

野外调查：标本 1 尾，全长 55.0 cm，体重 2 115.8 g。采自江西省余干县瑞洪镇。

主要形态特征：第一背鳍Ⅳ，第二背鳍Ⅰ，8；臀鳍Ⅲ，8；胸鳍16；腹鳍Ⅰ，5。体延长，前部近圆筒形，后部侧扁。头中大。吻宽圆。脂眼睑发达，伸达瞳孔前后缘。口亚下位，口裂呈"Λ"形。上颌骨完全被框前骨掩盖，后端不急剧下弯。舌大，不游离。体被栉鳞，头部被圆鳞。第一背鳍基部、胸鳍基部和腹鳍基部各具一狭长腋鳞。无侧线。背鳍2个；胸鳍上侧位；尾鳍分叉，上叶稍长。体褐色或青黑色，腹部白色。体侧上半部约具 7 条暗色纵纹，各条纹间有银白色斑点。胸鳍基部上方具一黑色斑块。各鳍浅灰色。

生态习性：杂食性，生活于近海岸和河口等咸淡水水域，也会上溯至江河湖泊中，洄游性鱼类。性活泼，善跳跃。一次性产卵，产浮性卵。

经济意义：生长迅速，体型较大，可养殖。食用价值和经济价值均很高。

85. 间下鱵

Hyporhamphus intermedius (Cantor，1842)

鱵科 Hemiramphidae

地方名：针弓鱼、针鱼、针公、针杆子

野外调查：标本 40 尾，全长 10.6 ~ 17.2 cm，体重 4.1 ~ 6.4 g。采自江西省都昌县和鄱阳县。

主要形态特征：背鳍 ii，14；臀鳍 ii，13 ~ 16；胸鳍 i，10 ~ 11；腹鳍 i，5。侧线鳞 54 ~ 79。体细长，稍侧扁，背、腹缘平直，尾部较侧扁。口小，平直。上颌短，下颌细长，形似针状。体被较大圆鳞，易脱落。侧线完全。背鳍靠近尾鳍处；胸鳍较长，上侧位；尾鳍内凹，下叶较长。体背侧灰绿色，体侧下方及腹部银白色。体侧自胸鳍基至尾鳍基具一窄银灰色纵纹，纵纹在背鳍下方较宽。尾鳍边缘黑色，其余各鳍淡色。背部鳞片具灰黑色边缘。

生态习性：杂食性小型鱼类，平时生活于水体的中上层，常在沿岸、港湾和敞水区成群觅食。晚间有趋光性。

保护现状：无危 (LC)。

经济意义：可食用，具一定的经济价值。

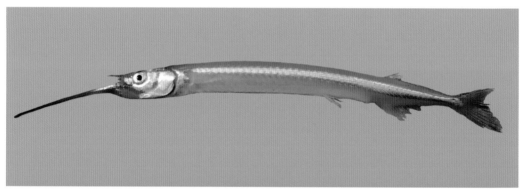

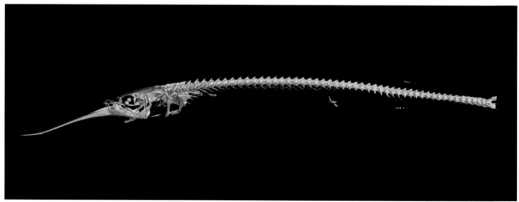

86. 黄鳝

Monopterus albus (Zuiew，1793)

合鳃鱼科 Synbranchidae

地方名：鳝鱼、长鱼、罗鳝、蛇鱼

野外调查：标本 1 尾，全长 24.8 cm，体重 11.1 g。来自江西省水产科学研究所标本室。

主要形态特征：体圆形细长，呈蛇形。前部略呈管状；尾较短，末端尖细。头较大，略呈锥形。吻较长而突出。口端位。体光滑无鳞，多黏液。侧线完整，较平直。背鳍和臀鳍均退化成皮褶；无胸鳍和腹鳍；尾鳍不发达。体色大多呈黄褐色，有不规则深灰色斑点，腹部灰白色。

生态习性：肉食性鱼类，栖息于江河、湖泊、沟渠和稻田等水体中，穴居，夜间外出觅食。黄鳝具有性逆转现象，第一次性成熟之前为雌性，在产卵后，卵巢退化而转变为精巢，变为雄性个体。分批产卵。

保护现状：无危 (LC)。

经济意义：肉嫩味鲜，常见的食用鱼类，营养价值和经济价值均很高。

合鳃鱼目 Synbranchiformes

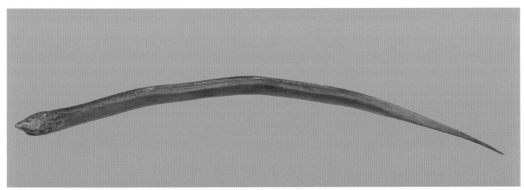

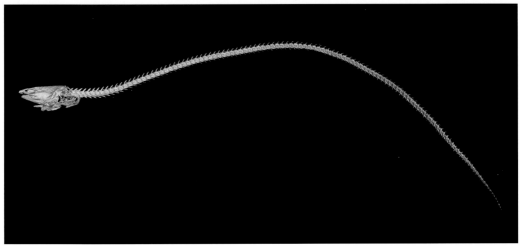

87. 中华刺鳅

Sinobdella sinensis (Bleeker，1870)

骨骼三维模型

刺鳅科 Mastacembelidae

地方名：刚鳅、沙鳅、刀鳅、龙背刀

野外调查：标本 10 尾，全长 9.8 ～ 18.6 cm，体重 1.6 ～ 13.3 g。采自江西省庐山市、湖口县、都昌县、南矶山自然保护区。

主要形态特征：背鳍 XXVI ～ XXVIII，55 ～ 63；臀鳍 III，57 ～ 64；胸鳍 20 ～ 22。体细长、侧扁，尾部扁薄。头小，略侧扁。吻尖突。眼小，上侧位。眼下方有一硬刺。口端位，口裂低斜，伸达眼前部下方。头和体被小圆鳞。无侧线。背鳍前部具多枚游离小棘；臀鳍具 3 根鳍棘，不埋于皮下。背鳍和臀鳍鳍条和尾鳍连续。胸鳍短小，呈扇形；腹鳍消失；尾鳍尖圆形。体黄褐色，体侧常具白色垂直纹与暗色纹相间组成的多条栅状横斑。头部和腹侧有白色小圆斑。背鳍、臀鳍和尾鳍上也具白斑，边缘白色。胸鳍浅色，无斑纹。

生态习性：肉食性底栖鱼类，栖息于多水草的浅水区。

保护现状：数据缺乏 (DD)。

经济意义：个体小，经济价值较低。

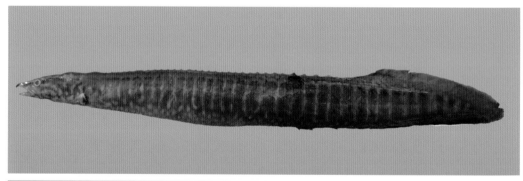

88. 鳜

Siniperca chuatsi (Basilewsky，1855)

骨骼三维模型

真鲈科 Percichthyidae

地方名：翘嘴鳜、桂鱼、季花鱼

野外调查：标本 170 尾，全长 15.5 ~ 58.0 cm，体重 94.3 ~ 4 747.0 g。采自江西省庐山市、湖口县、都昌县、永修县吴城镇、余干县瑞洪镇和南矶山自然保护区。

主要形态特征：背鳍XII，13 ~ 15；臀鳍III，9 ~ 11；胸鳍15 ~ 16；腹鳍I，5。侧线鳞120 ~ 140。体较高，侧扁，眼后背部显著隆起。吻尖突。口大，端位。上颌骨后端伸达或超过眼后缘下方。前鳃盖骨后缘呈锯齿状，下角和下缘各具2小棘。鳃盖后缘有2扁棘。头和体被小圆鳞，吻部和眼间无鳞。侧线完全。背鳍连续，第一背鳍为鳍棘，第二背鳍为鳍条；胸鳍和尾鳍圆形。体背侧棕黄色，腹部灰白色。体侧具许多不规则褐色斑块。吻端经眼至背鳍基部有一黑褐色斜纹；背鳍鳍棘中间下方有一垂直宽纹。背鳍、臀鳍和尾鳍均具黑色斑点。胸鳍和腹鳍浅灰白色。

生态习性：肉食性凶猛鱼类，喜栖息于静水或缓流水域，尤以水草茂盛的湖泊中数量最多。夜间活动觅食。产漂浮性卵。

保护现状：无危 (LC)。

经济意义：肉质优良，少细刺，可养殖，营养价值和经济价值均很高。

89. 大眼鳜

Siniperca knerii Garman，1912

真鲈科 Percichthyidae

地方名：母猪壳、刺薄鱼、羊眼桂鱼、桂花鱼

野外调查：标本 14 尾，全长 13.2 ~ 34.0 cm，体重 25.4 ~ 507.4 g。采自江西省庐山市、永修县吴城镇。

主要形态特征：背鳍Ⅻ，13 ~ 15；臀鳍Ⅲ，9 ~ 10；胸鳍 14 ~ 15；腹鳍Ⅰ，5。侧线鳞 98 ~ 105。体较长，侧扁。眼大，上侧位。口大，端位。下颌突出，上颌骨后端一般不伸达眼后缘下方。前鳃盖骨边缘具细锯齿，下角和下缘各具 2 小棘。体被细小圆鳞，颊下部和鳃盖下部无鳞。侧线完全。背鳍连续，第一背鳍为鳍棘，第二背鳍为鳍条；胸鳍近似圆形；尾鳍圆形。体黄褐色，腹部灰白色。自吻端经眼至背鳍基部具一暗色条纹；背部有 5 ~ 6 条不明显条纹、背鳍、臀鳍和尾鳍有数列黑色条纹。

生态习性：肉食性凶猛鱼类，常生活于多砾石的流水区。

保护现状：无危 (LC)。

经济意义：肉味鲜美，营养价值和经济价值均很高。

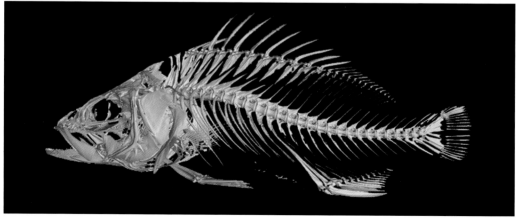

90. 暗鳜

Siniperca obscura Nichols，1930

真鲈科 Percichthyidae

地方名：石板鳜、石头鳜、铜钱鳜、无斑鳜

野外调查：标本 5 尾，全长 9.0 ~ 10.1 cm，体重 17.2 ~ 24.2 g。来自江西省水产科学研究所标本室。

主要形态特征：背鳍Ⅻ ~ Ⅷ，11 ~ 12；臀鳍Ⅲ，8；胸鳍 14 ~ 15；腹鳍Ⅰ，5。侧线鳞 56 ~ 71。体侧扁，背部隆起，腹部浅弧形。口端位。前鳃盖骨后缘具较强锯齿，鳃盖骨后缘有 2 个扁平棘齿。体侧、颊部上方和鳃盖均被较大细鳞。侧线完全。背鳍分鳍棘和鳍条；胸鳍和尾鳍边缘圆形。体黑褐色，体侧或有不规则黑斑。各鳍呈灰色。

生态习性：肉食性鱼类，喜居于流水环境。

保护现状：近危 (NT)。

经济意义：个体小，数量少，具有一定的经济价值。

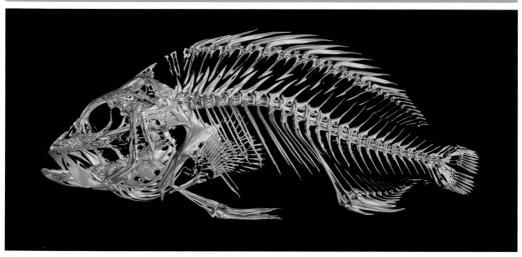

91. 长身鳜

Siniperca roulei Wu，1930

真鲈科 Percichthyidae

地方名：竹筒鳜、尖嘴鳜、长体鳜

野外调查：标本 6 尾，全长 8.7 ～ 13.9 cm，体重 6.2 ～ 20.1 g。采自江西省余干县瑞洪镇。

主要形态特征：背鳍 XIII，10 ～ 11；臀鳍 III，7；胸鳍 13 ～ 14；腹鳍 I，5。侧线鳞 82 ～ 92。体延长，略呈圆柱状，背部浅弧形。头长，略平肩。吻尖突。口上位。上颌骨后端伸达眼中部或后缘下方。前鳃盖骨边缘具锯齿，下角具 2 个小棘，下缘 2 小棘不明显。体被细小圆鳞。侧线完全。背鳍连续，基部相连，中间微凹。第一背鳍为鳍棘，第二背鳍为鳍条，末端不达基部；胸鳍圆形，不伸达腹鳍后端；尾鳍圆形。体黄褐色，有 4 ～ 5 条垂直暗斑。背部和体侧具不规则黑斑。背鳍、腹鳍、臀鳍和尾鳍均具黑点。胸鳍浅灰色。

生态习性：凶猛性肉食鱼类，生活于江河急流地区。昼伏夜出。

保护现状：易危 (VU)。

经济意义：数量少，具一定的经济价值。目前天然水域产量低。

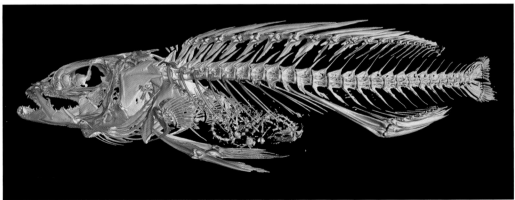

92. 斑鳜

Siniperca scherzeri Steindachner，1892

真鲈科 Percichthyidae

地方名：岩鳜鱼、桂花鱼、公鳜鱼、鳜鱼

野外调查：标本 5 尾，全长 12.5 ~ 20.2 cm，体重 24.6 ~ 116.6 g。采自江西省永修县吴城镇。

主要形态特征：背鳍 XIII，12 ~ 13；臀鳍 III，8 ~ 10；胸鳍 14 ~ 15；腹鳍 I，5。侧线鳞 96 ~ 125。体长、侧扁，头后背部略隆起。口大，端位。上颌骨后端可伸达眼后缘下方。前鳃盖骨后缘具细锯齿，下角和下缘各具 2 小棘；鳃盖骨后缘具 2 扁棘。体被细小圆鳞，吻部和眼间无鳞。侧线完全。背鳍连续，分鳍棘和鳍条；胸鳍近圆形；尾鳍圆形。体黄褐色乃至灰褐色，腹部黄白色。头背部及鳃盖上具密的暗色斑点，体侧有许多不规则的黑斑块。背鳍、臀鳍和尾鳍具多行黑色斑点形成的条纹。胸、腹鳍浅色。

生态习性：肉食性凶猛鱼类，常生活于多砾石的流水区中下层。

保护现状：无危 (LC)。

经济意义：个体较小，营养价值高，产量较低，具一定的经济价值。

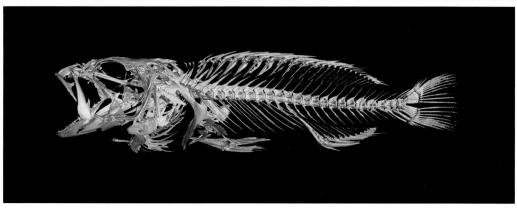

鲈形目 Perciformes

93. 波纹鳜

Siniperca undulata Fang & Chong，1932

真鲈科 Percichthyidae

地方名：花桂、铁鳜鱼、云斑鳜

野外调查：标本4尾，全长8.0～13.8 cm，体重9.8～43.4 g。采自江西省永修县吴城镇。

主要形态特征：背鳍XIII，10～11；臀鳍III，7；胸鳍14～15；腹鳍I，5。侧线鳞81～83。体侧扁，背缘浅弧形。头大。吻尖。眼较大，上侧位。口端位。上颌骨后端伸达眼中部偏后下方。前鳃盖骨后缘具锯齿，下角和下缘各具2枚较大尖齿；鳃盖骨后缘有2个扁平棘齿。体被细小圆鳞，头部无鳞。侧线完全。背鳍分鳍棘和鳍条；胸鳍边缘圆弧形；尾鳍圆形。体灰褐色，腹部略灰白。颊部有一斜灰褐色条纹。体侧具3～4条灰白色波状纵纹。各鳍灰白色，背鳍、臀鳍和尾鳍均具黑色点纹。胸鳍基部有一半月形黑斑。

生态习性：肉食性底栖鱼类，喜栖息于砾石底质的水域中。

保护现状：近危(NT)。

经济意义：可食用，数量少，具有一定的经济价值。

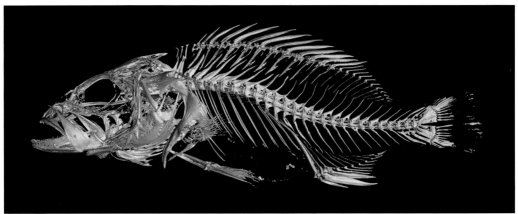

94. 河川沙塘鳢

Odontobutis potamophilus (Günther，1861)

骨骼三维模型

沙塘鳢科 Odontobutidae

地方名：土布鱼、虎头鲨

野外调查：标本 6 尾，全长 7.1 ～ 16.3 cm，体重 4.4 ～ 50.4 g。采自江西省庐山市、湖口县和余干县瑞洪镇。

主要形态特征：第一背鳍Ⅵ～Ⅷ，第二背鳍Ⅰ，9；臀鳍Ⅰ，6 ～ 7；胸鳍 14 ～ 15；腹鳍Ⅰ，5。纵列鳞 36 ～ 37。体延长，前部粗壮，略成圆筒形，后部稍侧扁。头宽大，稍平扁。眼小，上侧位。眼后方有感觉管孔。口大，前位，口裂斜。下颌稍突出；上颌骨后伸可达眼中部下方。舌大，游离。前鳃盖骨边缘光滑无棘。体被栉鳞，腹部和胸鳍基部被圆鳞，鳃盖和颊部被小栉鳞，吻部无鳞。无侧线。背鳍 2 个，第一背鳍为鳍棘；第二背鳍为鳍棘和鳍条，末端不伸达尾鳍基部。胸鳍宽圆；左右腹鳍小，不愈合成吸盘；尾鳍圆形。浸泡标本体棕褐色乃至暗褐色。体侧有 3 ～ 4 个不规则的鞍形黑色斑块。头胸部和腹面有许多黑色点纹。第一背鳍有一浅色斑块，其余各鳍均排列黑色斑点。胸鳍基部有 2 个暗色斑块。尾鳍基底有时具 2 个黑色斑块，边缘白色。

生态习性：肉食性小型底层鱼类，生活于沿岸、湖湾和河沟等水域，喜栖息于杂草和泥沙底质的浅水区。游泳力较弱。雄鱼有守巢护卵的习性。分批产卵，产黏性卵。

保护现状：无危 (LC)。

经济意义：肉味鲜美，营养丰富，经济价值较高。

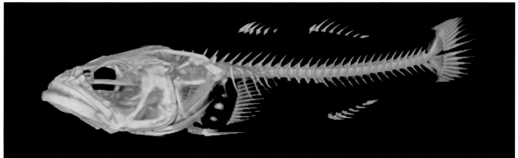

95. 波氏吻虾虎鱼

Rhinogobius cliffordpopei (Nichols，1925)

骨骼三维模型

虾虎鱼科 Gobiidae

地方名：克氏虾虎、波氏栉虾虎鱼

野外调查：标本 2 尾，全长 7.5 ～ 8.6 cm，体重 6.3 ～ 11.6 g。来自江西省水产科学研究所标本室。

主要形态特征：第一背鳍Ⅵ，第二背鳍Ⅰ，8；臀鳍Ⅰ，8；胸鳍 16 ～ 17；腹鳍Ⅰ，5。体延长，前部圆筒形，后部侧扁。头前部宽而平扁，背部稍隆起。吻圆钝。眼中大，背侧位，位于头的前半部。口前位，斜裂。上下颌具细小齿，排列稀疏。舌游离，前端圆形。体被中大弱栉鳞，胸部、腹部、吻部、颊部和鳃盖部无鳞。无侧线。背鳍 2 个，第一背鳍基部短，第三和第四鳍棘最长，平放不伸达第二背鳍基部。第二背鳍基部较长，平放不伸达尾鳍基部。胸鳍下侧位，圆形；左右腹鳍愈合成吸盘状；尾鳍长圆形。雄鱼生殖乳突细长且尖，雌鱼生殖乳突短且钝。标本体侧灰褐色，具 6 ～ 7 条不规则的棕褐色斑纹。第一背鳍和第二背鳍棘间具一蓝黑色斑点，部分雌鱼不明显。各鳍呈灰褐色。

生态习性：杂食性偏肉食性的小型底层鱼类，喜生活于沙地和砾石等底质的水域中。在水底借助吸盘附着于石块上，作间歇性缓游。产黏性卵。

保护现状：无危 (LC)。

经济意义：数量多，具一定的食用价值和经济价值。

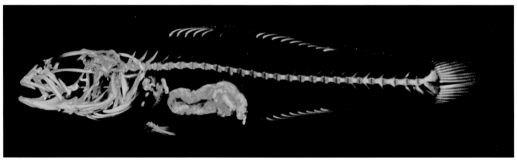

96. 子陵吻虾虎鱼

Rhinogobius giurinus (Rutter，1897)

骨骼三维模型

虾虎鱼科 Gobiidae

地方名：栉虾虎鱼、吻虾虎鱼、子陵栉虾虎鱼

野外调查：标本 7 尾，全长 3.6 ~ 6.5 cm，体重 0.3 ~ 2.4 g。采自江西省湖口县、都昌县、永修县吴城镇、余干县瑞洪镇和南矶山自然保护区。

主要形态特征：第一背鳍 VI，第二背鳍 I，8 ~ 9；臀鳍 I，8 ~ 9；胸鳍 20 ~ 21；腹鳍 I，5。体延长，前部略呈圆柱形，后部侧扁。头前部宽而平扁。吻圆钝。眼中大，背侧位，位于头的前半部。口端位。上颌骨后端伸达眼前缘下方。舌游离，前端圆形。体被中大栉鳞，吻部、颊部和鳃盖处无鳞。无侧线。背鳍 2 个，第一背鳍高，基部短；胸鳍下侧位，圆形；左右腹鳍愈合成长吸盘状；尾鳍长圆形。体黄褐色。体侧 6 ~ 7 个不规则的棕褐色斑条。臀鳍、腹鳍和胸鳍黄色，胸鳍基部上方具一黑斑。背鳍和尾鳍各有数条暗色点纹。

生态习性：杂食性偏肉食性的小型底层鱼类，喜生活于沙地和砾石等底质的水域中。伏卧水底，借助吸盘附着于石块上，作间歇性缓游。

保护现状：无危 (LC)。

经济意义：可食用，数量多，具一定的经济价值。

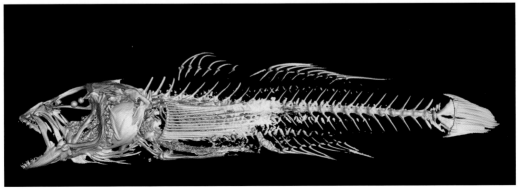

97. 圆尾斗鱼

Macropodus chinensis (Bloch，1790)

骨骼三维模型

丝足鲈科 Osphronemidae

地方名：斗鱼，黑老婆，火烧鳊鲅、狮公鱼

野外调查：标本2尾，全长5.3～5.7 cm，体重1.6～2.5 g。采自江西省南矶山自然保护区。

主要形态特征：背鳍XII～XV，6～8；臀鳍XVII～XXI，13～15；胸鳍10～12；腹鳍 I，5。体较短，侧扁，呈卵圆形。头中大，侧扁。吻短而尖。口上位。前鳃盖骨的下缘有细锯齿。体被中大栉鳞。背鳍和臀鳍基部有鳞鞘。侧线退化，不明显。背鳍鳍棘和鳍条连续；胸鳍下侧位，略呈椭圆形；腹鳍第一枚鳍条特别延长；尾鳍圆形，上下叶外侧鳍条较短，中部鳍条较长。鱼体棕褐色，体侧有数条暗色横斑。在鳃盖的后上方有一大型青蓝色圆斑。在眼的后下方有2条暗色斜纹延伸至鳃盖的边缘。背鳍、臀鳍和尾鳍灰黑色，略带红色，有蓝绿色小点散布。

生态习性：小型鱼类，主要摄食浮游动物，栖息于湖泊、池塘和沟渠等静水环境中。产浮性卵。

保护现状：无危 (LC)。

经济意义：观赏鱼类，具有一定的经济价值。

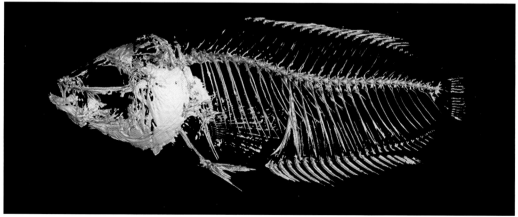

98. 叉尾斗鱼

Macropodus opercularis (Linnaeus，1758)

丝足鲈科 Osphronemidae

地方名：中国斗鱼、天堂鱼

野外调查：标本 2 尾，全长 6.8 ~ 7.4 cm，体重 2.9 ~ 5.5 g。采自江西省南矶山自然保护区。

主要形态特征：背鳍 XIII ~ XV，6 ~ 8；臀鳍 XVII ~ XXI，13 ~ 15；胸鳍 10 ~ 12；腹鳍 I，5。体呈卵形，侧扁。头中大。吻短钝而尖突。口小，上位。前鳃盖骨下缘和下鳃盖骨边缘有细锯齿。体被中大栉鳞。侧线退化，不明显。背鳍分鳍棘和鳍条；胸鳍短小，末端圆；腹鳍外侧第一根鳍条丝状延长；尾鳍深分叉，上下两叶外缘鳍条延长。体灰绿色，体侧具数条蓝褐色的横带纹，横带间略红。自吻端经眼到鳃盖有一黑色条纹，其上下在眼后又各有 1 条，鳃盖后角具 1 暗绿色圆斑。背鳍与臀鳍灰黑而带有红色边缘。

生态习性：主要摄食浮游动物，生活于江河湖泊、池塘等缓流水域。产浮性卵。

保护现状：无危 (LC)。

经济意义：观赏鱼类，具有一定的经济价值。

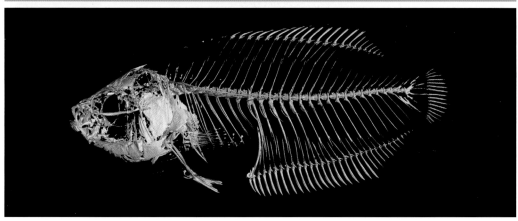

99. 乌鳢

Channa argus (Cantor，1842)

鳢科 Channidae

地方名：蛇头鱼、黑鱼、乌鱼、乌棒、财鱼、斑鱼

野外调查：标本 10 尾，全长 15.9 ~ 65.0 cm，体重 27.7 ~ 2 620.0 g。采自江西省永修县吴城镇、余干县瑞洪镇和南矶山自然保护区。

主要形态特征：背鳍 49 ~ 53；臀鳍 33 ~ 36；胸鳍 17 ~ 18；腹鳍 6。侧线鳞 63 ~ 68。体前部略呈圆筒状，尾部侧扁，尾柄短。头部较长，尖而平扁。眼小，上侧位。口大，端位。上颌骨后伸超过眼后缘下方。体被圆鳞。侧线完全，平直。头部黏液孔发达。背、臀鳍基部很长；胸鳍和尾鳍圆形；腹鳍小。体灰黑色，腹部浅色。体侧有不规则的青黑色斑块。头部有 3 条深色纵纹，上侧 1 条自吻端越过眼眶伸至鳃孔上角，下侧 2 条自眼下方沿头侧至胸鳍基部。背鳍、臀鳍及尾鳍上都有浅色斑点。胸鳍及腹鳍灰黑色。

生态习性：肉食性凶猛鱼类，喜栖息于江河湖泊、池塘等静水水域的浅水区，营底栖生活。口腔内具辅助呼吸器，能适应缺氧环境。亲鱼有守巢和护仔鱼的习性。产浮性卵。

保护现状：无危 (LC)。

经济意义：生长快，可养殖。含肉率高，肉质鲜美，营养价值和经济价值均很高。

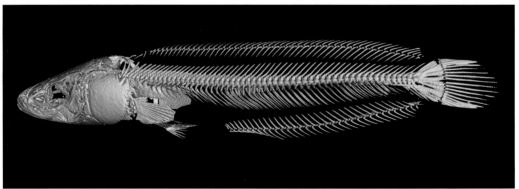

100. 月鳢

Channa asiatica (Linnaeus，1758)

鳢科 Channidae

地方名：七星鱼、点秤鱼、山花鱼

野外调查：标本 2 尾，全长 22.4 ～ 22.6 cm，体重 95.7 ～ 125.8 g。来自江西省水产科学研究所标本室。

主要形态特征：背鳍 41 ～ 46；臀鳍 26 ～ 30；胸鳍 14 ～ 16。侧线鳞 54 ～ 59。体较长，前部圆柱形，后部渐转侧扁，尾柄短。头宽稍平扁。吻短圆钝。口端位。上颌骨后端伸达眼后缘下方。眼上侧位，位于头的前半部。头和体被圆鳞，胸腹部鳞较小。侧线平直，在胸鳍末端中断，下折一鳞，后延伸至尾鳍基部。背鳍极长，起点在胸鳍基部稍后方，末端达尾鳍基。胸鳍宽大，似扇形；无腹鳍；臀鳍甚长，末端接近尾鳍基部；尾鳍圆形。体灰黑色，腹部灰白色。体侧有 10 条左右的青黑色 "<" 形横纹。头侧眼后部有 2 条黑色纵纹；尾柄上侧有 1 个青黑色圆斑，边缘白色。各鳍灰黑色，胸鳍基部后上方有一黑斑。

生态习性：肉食性凶猛鱼类，喜欢生活在山地溪流、水草繁茂的浅水池塘、水沟或稻田等水域中。喜集群，昼伏夜出。鳃上腔中有一特殊结构，使其可以直接从空气中获得氧气。分批产卵，产浮性卵。亲鱼有筑巢和护幼习性。

保护现状：无危 (LC)。

经济意义：肉质细嫩，可养殖，具有一定的经济价值。

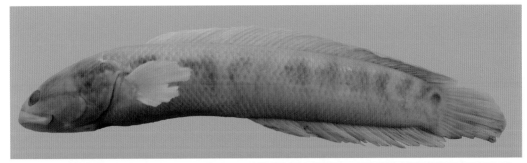

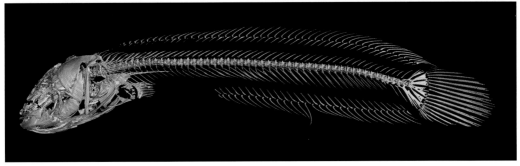

101. 斑鳢

Channa maculata (Lacépède，1801)

骨骼三维模型

鳢科 Channidae

地方名：花鱼、生鱼、斑鱼、黑鱼

野外调查：标本 2 尾，全长 6.4 ~ 26.5 cm，体重 1.9 ~ 170 g。来自江西省水产科学研究所标本室。

主要形态特征：背鳍 38 ~ 45；臀鳍 24 ~ 29；胸鳍 16；腹鳍 6。侧线鳞 52 ~ 59。体前部呈圆柱形，后部侧扁，背部和腹缘较平直，尾柄短。头宽稍平扁，有黏液孔。口端位，下颌略突出。上颌骨后端伸达眼后缘下方。上下颌前方有绒毛状齿带，下颌两侧齿尖。眼上侧位，位于头的前半部。头和体被中等圆鳞。侧线自塞孔上方向后延伸，在臀鳍起点上方处中断，下折一鳞，后延伸至尾鳍基部。背鳍连续且长，起点在腹鳍基部上方，末端达尾鳍基。腹鳍短小，左右腹鳍相互靠近，后端不伸达肛门。臀鳍长，末端伸达尾鳍基部。尾鳍圆形。体灰黑色，腹部灰白色。背部有一纵行黑斑，体侧有 2 列不规则黑斑，腹侧有一纵行黑色斑纹。吻端至鳃盖骨后方和眼后至胸鳍基部有一黑色纵纹。头背后有 3 个"八"字形的斑纹。背鳍、臀鳍和尾鳍均有黑白相间的斑纹，胸鳍和腹鳍灰色。

生态习性：肉食性凶猛鱼类，喜欢缓流、水草丛生的水域。产浮性卵。

保护现状：无危 (LC)。

经济意义：肉质细嫩，食用价值和经济价值均很高。

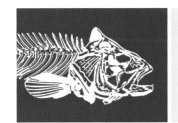

REFERENCES　参考文献

陈马康，童合一，1982. 鲫鱼的食性研究和养殖问题的探讨 [J]. 动物学杂志，3：37-40.

陈马康，童合一，俞泰济，等，1990. 钱塘江鱼类资源 [M]. 上海：上海科学技术文献出版社.

陈宜瑜，等，1998. 中国动物志•硬骨鱼纲•鲤形目(中卷)[M]. 北京：科学出版社.

褚新洛，陈银瑞，等，1989. 云南鱼类志(上卷) [M]. 北京：科学出版社.

褚新洛，陈银瑞，等，1990. 云南鱼类志(下卷) [M]. 北京：科学出版社.

褚新洛，郑葆珊，戴定远，等，1999. 中国动物志•硬骨鱼纲•鲇形目 [M]. 北京：科学出版社.

代应贵，王晓辉，2007. 稀有白甲鱼含肉率及肌肉营养成分分析 [J]. 水产科学，26(1)：7-11.

戴星照，胡振鹏，2019. 鄱阳湖资源与环境研究 [M]. 北京：科学出版社.

丁瑞，1994. 四川鱼类志 [M]. 成都：四川科学技术出版社.

方春林，陈文静，周辉明，等，2016. 鄱阳湖鱼类资源及其利用建议 [J]. 江苏农业科学，44(9)：233-243.

广西壮族自治区水产研究所，等，2006. 广西淡水鱼类志(第二版)[M]. 南宁：广西人民出版社.

郭水荣，谢楠，刘新轶，等，2010. 钱塘江细体拟鲿人工繁育技术研究 [J]. 水产科技情报，37(3)：121-124.

郭治之，邹多禄，刘瑞兰，等，1964. 鄱阳湖鱼类调查报告(江西野生动物资源调查报告之一) [J]. 南昌大学学报(理科版)，3(8)：121-130.

胡安忠，2006. 刺鲃、中华倒刺鲃及倒刺鲃的研究现状分析 [J]. 江西水产科技，27(1)：33-38.

胡春宏，阮本清，张双虎，2017. 长江与洞庭湖鄱阳湖关系演变及其调控 [M]. 北京：科学出版社.

胡茂林，2009. 鄱阳湖湖口水位、水环境特征分析及其对鱼类群落与洄游的影响 [M]. 南昌：南昌大学.

胡茂林，吴志强，周辉明，等，2005. 鄱阳湖南矶山自然保护区渔业特点及资源现状 [J]. 长江流域资源与环境，14(5):561-565.

胡振鹏，王仕刚，2022. 鄱阳湖冲淤演变及水文生态效应 [J]. 水利水电技术(中英文)，53(6)：66-78.

湖北省水生生物研究所鱼类研究室，1976. 长江鱼类 [M]. 北京：科学出版社.

湖南省水产科学研究所，1980. 湖南鱼类志 [M]. 长沙：湖南科学技术出版社.

黄冬凌，倪兆奎，赵爽，等，2019. 基于湖泊与出入湖水质关联性研究：以鄱阳湖为例 [J]. 环境科学，40(10)：4450-4460.

姜加虎，窦鸿身，苏守德，2009. 江淮中下游淡水湖群 [M]. 武汉：长江出版社.

乐佩琦，等，2000. 中国动物志•硬骨鱼纲•鲤形目(下卷)[M]. 北京：科学出版社.

李红敬，张娜，郭义敏，等，2012.江西鳡年轮、摄食及长重关系研究 [J].信阳师范学院学报(自然科学版)，25(2)：193-196.

李思忠，张春光，等，2011.中国动物志·硬骨鱼纲·银汉鱼目·鳉形目·颌针鱼目·蛇鳗目·鳕形目 [M].北京：科学出版社.

刘乐和，1996.胭脂鱼生物学特征的研究 [J].水利渔业，36(3)：3-6.

刘世平，1997.鄱阳湖黄颡鱼生物学研究 [J].动物学杂志，32(4)：10-16.

刘同宦，安智伟，柴朝晖，等，2020.鄱阳湖五河入湖水沙通量及典型断面形态变化特性分析 [J].长江科学院院报，37(11)：8-13.

刘中菊，2020.嘉陵江草街电站坝上、坝下光泽黄颡鱼年龄与生长、繁殖和食性差异分析 [M].重庆：西南大学.

毛节荣，徐寿山，等，1991.浙江动物志·淡水鱼类 [M].杭州：浙江科学技术出版社.

孟庆闻，苏锦祥，缪学祖，1995.鱼类分类学 [M].北京：中国农业出版社.

倪勇，伍汉霖，2006.江苏鱼类志 [M].北京：中国农业出版社.

施白南，1980.吻鮈的生物学资料 [J].西南师范学院学报(自然科学版)，6(2)：111-115.

唐富江，高文燕，李慧琴，等，2020.大银鱼生物学与渔业生态学研究进展 [J].水产学报，44(12)：2100-2111.

王怀林，2011.嘉陵江下游白缘䰓年龄与生长的研究 [J].安徽农业科学，39(15)：9298-9301.

王圣瑞，2014.鄱阳湖水环境 [M].北京：科学出版社.

王晓辉，2006.稀有白甲鱼的生物学特性及种质资源评估 [M].贵阳：贵州大学.

王友慧，2002.大鳍鳠的生物学特性及养殖技术 [J].渔业现代化，21(2)：16-17.

王玉新，郑玉珍，王锡荣，等，2012.大鳞副泥鳅的生物学特性及养殖技术 [J].河北渔业，5(11)：23-25.

伍汉霖，钟俊生，等，2008.中国动物志·硬骨鱼纲·鲈形目(五)虾虎鱼亚目 [M].北京：科学出版社.

伍汉霖，邵广昭，赖春福，2017.拉汉世界鱼类系统名典 [M].青岛：中国海洋大学出版社.

伍献文，等，1964.中国鲤科鱼类志(上卷) [M].上海：上海科学技术出版社.

伍献文，等，1982.中国鲤科鱼类志(下卷) [M].上海：上海科学技术出版社.

夏前征，2008.丰溪河花鳕(Hemibar bus maculates)食性研究 [M].武汉：华中农业大学.

杨干荣，1987.湖北鱼类志 [M].武汉：湖北科学技术出版社.

杨骏，何兴恒，孙治宇，2020.中华花鳅的生长和繁殖生物学的研究 [J].水产科学，39(2)：209-217.

杨明生，李建华，黄孝湘，2007.澴河花斑副沙鳅的繁殖生态学研究 [J].水利渔业，27(5)：84-85.

杨明生，2009.花斑副沙鳅的年龄和生长特征 [J].孝感学院学报，29(6)：17-19.

杨巧言，2003.江西省自然地理志 [M].北京：方志出版社.

殷剑敏，苏布达，陈晓玲，等，2011.鄱阳湖流域气候变化影响评估报告 [M].北京：气象出版社.

曾国权，吕耀平，黄佩佩，等，2012.餐条、大眼华鳊含肉率和肌肉营养成分分析 [J].温州大学学报(自然科学版)，33(5)：1-7.

占姚军，2011.青弋江两种(鱼丹)亚科鱼类的生活史研究 [M].芜湖：安徽师范大学.

张本，1989.鄱阳湖自然资源及其特征 [J].自然资源学报，4(4)：308-318.

张鹗，谢仲桂，谢从新，2004.大眼华鳊和伍氏华鳊的形态差异及其物种有效性 [J].水生生物学报，28(5)：511-518.

张力文，田辉伍，陈大庆，等，2020.长江上游中华纹胸鮡遗传多样性及遗传结构研究 [J].淡水渔业，50(4)：3-11.

张堂林，李钟杰，2007.鄱阳湖鱼类资源及渔业利用 [J].湖泊科学，19(4)：434-444.

郑慈英，1989.珠江鱼类志 [M].北京：科学出版社.

中国水产科学研究院珠江水产研究所，等，1991.广东淡水鱼类志 [M].广州：广东科技出版社.

中华人民共和国生态环境部，中国科学院 .中国生物多样性红色名录——脊椎动物卷 .2015.(www.mee.gov.cn)

朱海虹，张本，1997.鄱阳湖——水文·生物·沉积·湿地·开发整治 [M].合肥：中国科学技术大学出版社.

朱圣男，2019.气候变化背景下鄱阳湖流域气象干旱时空演变及预估研究 [D].南昌：南昌工程学院.

朱松泉，1995.中国淡水鱼类检索 [M].南京：江苏科学技术出版社.

朱瑜，罗春业，龚竹林，2001.广西鱼类两新纪录 [J].淡水渔业，31(4)：57-58.

朱元鼎，1984.福建鱼类志(上卷) [M].福州：福建科学技术出版社.

朱元鼎，1985.福建鱼类志(下卷) [M].福州：福建科学技术出版社.

Ding H，Wu Y，Zhang W，et al.，2017. Occurrence, distribution, and risk assessment of antibiotics in the surface water of Poyang Lake, the largest freshwater lake in China [J].*Chemosphere*，184: 137-147.

Nelson J，2006. *Fishes of the World* (4th ed.) [M]. New York: John Wiley and Sons.

Yue T X，Nixdorf E，Zhou C，et al.，2019. Chinese Water Systems Volume 3: Poyang Lake Basin [J]. Springer International Publishing，12(2)：31-35.

图书在版编目 (CIP)数据

鄱阳湖鱼类影像图鉴 / 张燕萍，刘杨，付辉云主编.
—北京：中国农业出版社，2024.1
ISBN 978-7-109-31424-5

Ⅰ.①鄱…　Ⅱ.①张…②刘…③付…　Ⅲ.①鄱阳湖
—鱼类—图集　Ⅳ.①Q959.408-64

中国国家版本馆CIP数据核字（2023）第217761号

鄱阳湖鱼类影像图鉴
POYANGHU YULEI YINGXIANG TUJIAN

中国农业出版社出版
地址：北京市朝阳区麦子店街18号楼
邮编：100125
责任编辑：杨晓改　林维潘
版式设计：王　晨　责任校对：吴丽婷
印刷：北京中科印刷有限公司
版次：2024年1月第1版
印次：2024年1月北京第1次印刷
发行：新华书店北京发行所
开本：787mm×1092 mm 1/16
印张：7.75
字数：180千字
定价：168.00 元